自然感悟
Nature series

# 街巷里的四季

# 成都

## 草木寻踪

孙海◎著

商务印书馆
创于1897 The Commercial Press

2020年·北京

# 前言

## 四季草木，一城花事

自建城伊始，2000多年来成都之名从未改变。锦城、锦官城、芙蓉城的雅称，也是流传千年。李膺《益州记》记载："锦城在益州南、笮桥西流江南岸，昔蜀时故锦官也。其处号锦里，城墉犹在。"唐宋时，成都物产富饶、经济繁荣，号称"扬一益二"。蜀锦更是名扬天下，唐代杜甫《春夜喜雨》诗云："晓看红湿处，花重锦官城。"

除了城市之名，许多街名地名也流传至今。但今天的成都变化巨大，可以说是沧海桑田。曾经生活在这座城市的许多物种在逐渐地消失或演替，武侯祠前再也不见森森的古柏，自然离我们越来越远。

不过，美丽多样的自然景观一直留在了这座城市。秋去冬来，花谢花开，今日的成都总能以别样的美丽迎接四海来宾。春日锦江江畔泡桐花盛开，夏初东大街蓝花楹绽放，深秋华西钟楼前银杏叶飘落，隆冬沙河边蜡梅吐露芬芳。一条条独特而有个性的街道承载着成都的四季美景。仁者乐山，智者乐水，在日升月落、花开花谢之间，成都总会让人们心驰神往。

心中装着草木四季的人，眼中看到的都是美不胜收的景色。就在这座我们熟悉的城市，一条条普通的街道，常常路过的锦江，哪怕再平淡不过的墙角，也会因为物候和物种的变化而呈现出不同的色彩。成都拥有良好的环境和气候条件，无论春夏秋冬，始终充满绿意。常绿树与落叶树相互搭配，高大的乔木和低矮的灌木相得益彰。木本、草本各司其职，使得成都四季有花，轻灵而不单调。

每日在城市中忙碌的人们，极少会去留心观察，或者深入了解相伴于我们身边的植物。他们行色匆匆、苦苦追寻，哪里的春光最美？我们往往视而不见的总是近在咫尺的美丽。就在我们熟悉的城市街头，一花一世界，一叶一菩提，季节更替间，一草一木的物候轮回正在我们的身边悄然发生。

寻常细微之物常常是大千世界的缩影，这种观察与发现的乐趣，会带着我们透过城市的灰色的钢筋水泥森林，在街头巷尾中寻找城市的自然之美。我总是想，应当如何描绘锦官城如霞似锦的斑斓？“着意寻春不肯香，香在无寻处。”就在一条条熟悉或不熟悉的寻常街巷中，四季草木正演绎着一城花事。

漫步于成都的街头巷尾，你随时随地都会感受到“花重锦官城”的色彩，花草树木也无时无刻不为我们展示着这座城市的物候与生物多样性。静心观察你会发现，其实我们很容易欣赏到这些植物所展现出的梦幻般的美丽。草木四季的变化，都在或古老或时尚的成都街头静静地发生着。在这座城市中有草木为伴，当我们举目四望时，便再也不会迷失。

孙海

2019年4月

# 目录 contents

## 初夏浪漫



## 夏日梦幻



## 潋滟秋光



## 霜天秋色



## 冬日芳华

# 春色撩人

围绕着成都的东面，有一条自北向南蜿蜒流淌了千年的沙河。河水安静地从城市的北部流淌向东部，两岸无数绿地串起了一条绿色的城市项链。立春后，通常阴雨过后总会有几天的明媚阳光，柔美的沙河宛如一条绿色丝带静静地自城北滑过城东。很难记得清楚，每一年成都的春天是从什么时候开始的，但我知道，在沙河边绿地的草坪上，就隐藏着成都春天的许多秘密。

春光
导赏图
二
环
路
路
环
二
路
环
路
二
环
二
宽窄巷子
⑤
浣花溪公园
人民公园
⑨
武侯祠
⑧
②
①沙河绿地：紫堇
②万福桥：美人梅
③猛追湾：白玉兰
④丝竹路：红叶李
⑤浣花溪：棣棠花
⑥东门大桥：海棠花
⑦成华公园：桃花
⑧武侯祠大街：樱花
⑨浆洗街：黄花风铃木
⑩红星桥：泡桐
⑪新华大道：木绣球
⑫四川大学：香樟
⑬武成门桥：楝花
N
图中编号按照观花（叶或果实）时间的先后顺序排列。

人民北路
一环路
二环路
蜀都大道
路
文殊院
339电视塔
大慈寺
合江亭
望江楼
四川大学
沙河绿地
①
③
④
⑥
⑦
⑩
⑪
⑫
⑬

# 紫堇





环绕着成都的东面，有一条自北向南蜿蜒流淌了千年的沙河，两岸绿地无数。春天总是悄然而至。很难说清楚，每一年成都的春天从什么时候开始。但我知道，沙河边的绿地隐藏着成都春天的许多秘密。

连续几天的明媚阳光，前几日还在抱怨冬天湿冷难耐的人们纷纷来到了户外。行走在沙河绿道上，春风拂面，河边垂柳吐出绿芽。如果留心脚下的草坪，你会发现许多小小的惊喜。阿拉伯婆婆纳星星点点的蓝色开始点缀草地，鹅肠菜不起眼的小白花也出现在了脚边，扬子毛茛和蛇莓吐出了黄色的小花。还有一株孤零零的长萼堇菜在道路的石缝里，努力地开出了一朵羞答答的紫色小花。在阳光的照拂下，因为这些不请自来的花儿，几乎是一夜之间前几日还略显寂寞的草坪突然就变得热闹起来。

每年的这个时候，我总会在河畔的草地里寻找一种开着可爱的粉紫色小花的草本植物。正是它们悄悄地为这个城市带来了春天的信息。

它就是紫堇。这种一年生的灰绿色草本植物，一直极为低调地生活在我们的城市里。在大多数时候，我们总是忽视它们。甚至到了它们开花的季节，我们也还是视而不见。所以，如果要寻找一种既熟悉又陌生的成都春天标志性的植物，紫堇一定可以入选。

春日草坪里，小小的紫堇看似平淡无奇，却是紫堇属这个成员众多的植物家族的“属长”。罂粟科紫堇属植物沿北温带分布，在我国就有300多个成员。成都平原周边的西南山地是中国紫堇属植物分布最为集中的地区，那里生活着许多独特的野生紫堇属植物。

阿拉伯婆婆纳

长萼堇菜

紫堇属植物大都有着惊为天人的美丽，拥有各种梦幻华丽的色彩。在植物志里，为数众多的紫堇属植物大多被冠以“某某紫堇”的名字，比如大叶紫堇、羽叶紫堇、穆坪紫堇、大金紫堇，等等。早春出现在成都沙河边公园草坪上的，正是“属长”紫堇。

仔细观察紫堇的小小的花朵，你会发现，它们状如鸟雀的花形极为别致。紫堇有4枚小花瓣，分内外两轮排列，外轮的上下花瓣和内轮花瓣之间形成了一个粉嘟嘟的“小嘴巴”。

虽然紫堇属植物花朵的颜色千变万化、形态各有不同，但它们大多都有上花瓣形成的长长的“尾巴”，这也是紫堇属植物最主要的鉴别特征之一。紫堇精致的花朵同样有着一个长长的“小尾巴”，这个“尾巴”称为“距”。在这个“小尾巴”一样的“距”里面，有会分泌蜜露的蜜腺，所以当紫堇大片开花的时候，总能吸引大群蜜蜂前来“拜访”。

紫堇用粉红梦幻的花色来吸引以视觉见长的蜜蜂。这些嗡嗡嗡的传粉者总是会及时地出现在春天的都市中，它们钻入紫堇“小嘴巴”一样的传粉通道，用它们的喙吸食“距”里的花蜜。在这个过程中，紫堇用花蜜作为酬劳，而蜜蜂帮助紫堇传粉。

《诗经·大雅·绵》中说“堇荼如饴”，“堇”古通“芹”字，紫堇二回羽状全裂的叶片的确和芹菜叶有几分相似。据说紫堇在古时候曾经被饥饿的人当作一种有苦味的野菜食用，只是居然还能吃出如饴糖般的甜美感觉，一定是古人的有意掩饰，这也成为成语“甘之如饴”的出处。在不同的地方，紫堇有着各种各样的别名。北宋药物学家苏颂写道：“紫堇，生江南吴兴郡。淮南名楚葵，宜春郡名蜀芹，豫章郡名苔菜，晋陵郡名水卜菜也。”

紫堇还有断肠草、蝎子花、闷头花的别称，这是因为它含有多种会导致人体中毒的生物碱，如果食用过量可能导致中毒致命。除了饥寒交迫的人为了果腹，紫堇从来就不适合作为野菜。经过一个寒冷的冬天，在早春的阳光中，也许只有在紫堇的花丛间上下纷飞的蜜蜂才会“甘之如饴”吧。

紫堇永远出现在成都的春光之中。每当春天到来的时候，紫堇就会竞相开出粉紫色娇俏可爱的小花。只不过，一小株紫堇就算开花，也很难引起我们的注意，因为它总是躲藏在草坪之中，植株也不高大。只有当一大片紫堇花出现在你面前时，你才会发现它们开着粉紫色的小花，此起彼伏，你争我赶，就像一群小鸟争先恐后地从草坪中“飞了出来”，向你欢呼：春天来了！春天来了！

紫堇的花期非常短暂，在勤劳的蜜蜂的努力下，紫堇很快就结出了线形的果实。一个月后，果实成熟开裂，紫堇微小的种子四散于草丛。这时，紫堇的植株也开始枯萎。到了夏季的时候，紫堇热热闹闹的开花景象早已不复存在。似乎紫堇生来就属于春天，它们随成都的

春天而来，随成都的春天而去。暮春之后，随着气温一天天升高，它们就从草坪里消失了。这个时候，许多人忘记了它们曾经出现在春天的草坪上。难怪，古人把这一类的小草叫作“夏天无”。经过这一年的秋冬，当我们再次见到它们那灵动可爱的身影时，成都的春天又一次回归了。

# 梅花与美人梅

二月下旬，虽然天气还有些寒冷，武都路府河边的绿地中数千株美人梅已开始盛放。虽然还在春寒料峭的时节，但河边梅林已是花吐胭脂、香欺兰蕙，处处春意盎然。走入梅林之中，梅花朵朵，人与梅交相辉映。

过去，万福桥一带是成都老北门的标志。据说，万福桥桥头有一块“万福来朝”的匾额，故而得名。据《成都县志》记载：“万福桥，县北二里。架木为桥，上履以屋，有亭有坊，长五丈，宽丈余。”唐末，西川节度使高骈将郫江改道。郫江从今天西北桥附近由南折向东从府城下经过，成为成都的护城河，所以改称府河。府河顺流而下在合江亭处与南河汇流，流入锦江。遗憾的是，这座有历史记载的万福桥，毁于一场洪水。

江岸梅花盛放，预示着成都的春天即将到来。“春风先发苑中梅，樱杏桃梨次第开。”二十四番花信风以梅花为首，梅花是春天的信使。

梅是蔷薇科李属植物，原产我国南方，已有3000多年的栽培历史。最早的时候，梅都是生活在南方山野间的野生梅花，后来才被移植到园中栽培。野梅常在山涧水岸边生长，所以有了江梅的别称。不过那时，古人栽种梅树并非为了观赏，而是把它作为一种重要的果木。《尚书·说命》中记载“若作和羹，尔惟盐梅”，可见，在还没有醋的时候，古人是将梅子捣成浆汁用来做酸味调味品的。梅花在寒冷的冬春交季率先应时而开的自然习性，使人们赋予梅花更多的文化内涵。梅从一种调味的果木发展成为观赏性的花木，并在中国人的精神世界中扮演了重要的角色。

汉代扬雄在《蜀都赋》中以优美华丽的辞藻，向世人诉说了这座城市的美丽。文中提到成都“被以樱梅，树以木兰”，可见在2000多年前，成都城中就已广植梅花供人观赏了。唐代，自成都西郊浣花溪一直到城东合江亭，梅树已蔚然成林，成为成都早春著名的赏梅胜地。

1170年（南宋孝宗乾道六年），46岁的陆游入蜀，在四川山水之间宦游辗转。这个举止洒脱、自号“放翁”的大诗人来到成都后，便深深地喜欢上了这座四季花开的城市。陆游在《梅花绝句》诗中注曰：“成都合江园，盖故蜀别苑，梅最盛。自初开，监官日报府；报至开五分，则府主来宴，游人亦竞集。”那一年的早春，陆游信马由缰穿行于锦城西边的20里梅林之中，身边朵朵梅花绽放，一路梅香绕马蹄。带着这种酣畅淋漓的豪放与张扬，陆游写下这首脍炙人口的《梅花绝句》：

当年走马锦城西，曾为梅花醉似泥。
二十里路香不断，青羊宫到浣花溪。

那一年的春天，陆游的好友和上司、时任四川制置使兼成都知府的范成大也曾登临锦江合江亭附近的芳华楼，眺望这片连绵20里的梅林。他后来在《吴船录》里记述：“绿野平林，烟水清远，极似江南。亭之上曰芳华楼，前后植梅甚多。”自古成都梅花品种极多，这位爱梅成痴的成都知府还撰写过世界第一部梅花专著《梅谱》一书，介绍了江梅、宫粉、绿萼等梅花栽培品种。他在《梅谱》中记载：“去成都二十里，有卧梅，偃蹇十余丈，相传唐物也，谓之梅龙。好事者载酒游之。”他在《梅谱·自序》中写道：“梅，天下尤物，无问智愚贤不肖，莫敢有异议。”

梅自古便有“霜雪美人”之称。唐代传奇小说《龙城录》中记载了一个关于梅花的传奇。隋朝开皇年间，有一个叫赵师雄的人游罗浮山，天寒日暮，他在似醒似醉间遇见一位淡妆素服的美人，与之交谈但觉芳香袭人。醒来后发现自己醉憩于梅树之下，方悟此女便是梅花所化。

今天的成都，从浣花溪一直到合江亭，绿水环绕间已是高楼林立。不过锦江两岸仍然处处栽植梅花，依旧还是20里梅香不断的春日盛况。虽说传统梅花品种尚有保留，但街头栽培最多的，是一个现代园林品种——美人梅。和常见的贴梗而生的梅花不同，美人梅总是带着一个长长的、红色的花梗。花形花色又和稍后开花的红叶李略有几分相似，只是花瓣更为繁复，花朵也大了许多。它们粉紫红色的花先于叶开放，花瓣粉紫，花心深红，每一朵都是那么娇羞可爱。

美人梅最早是由法国园艺家用红叶李和重瓣的梅花品种“宫粉”人工远缘杂交育成，除了花朵娇艳，美人梅最大的特点是耐寒性强、

美人梅

花期更长。在花期后，美人梅还会像红叶李一样长出紫红色树叶，成为一种色彩鲜艳的彩叶树种。所以它问世后，迅速风靡全世界。20世纪80年代末，美人梅进入我国，很快便在各大城市生根落户，成为城市绿化的主力。

在锦江两岸的美人梅盛开后不久，成都便进入了春天最美的时节。梅花不与百花争艳，三月初，锦江两岸的梅花于风中悄然飘落，梅林之中唯有梅瓣留香。此时，成都大街小巷的春意渐浓。《诗经·小雅·出车》说“春日迟迟，卉木萋萋。仓庚喈喈，采蘩祁祁”，红叶李、樱花、桃花、梨花、海棠花，这些万紫千红的蔷薇科“美人们”纷至沓来，盛放在城市的每一个角落。明媚的春光下，锦江两岸，莺飞草长，一切都显得生机勃勃。无须刻意去追寻，最美的春色已将成都萦绕。

梅

# 玉兰花

猛追湾是府河在此处东转形成的一个河湾，据说，这处河湾乃人力所为。唐僖宗时剑南西川节度使高骈修筑成都罗城，引河水自城北转向东，于是府河在此处形成了一个急湾，成为罗城的护城河。由于河水在此地流速急增，行船至此便呈先后追逐之猛势，所以人们称这段河道为猛追湾。三月初，府河西岸猛追湾华星路口，几株白玉兰在春光中一树花开，如雪似云。在不远处的河边绿地中，几株深山含笑正一树白花开得热闹，锦江之畔一幅木兰争春的盛景。

白玉兰

白玉兰

在各种木兰科乔木里，玉兰花是早春成都街头最为常见的观赏树种，总是率先绽放在万物复苏的春光中。玉兰花是成都人极为熟悉的身边植物，不过还是有不少成都人会把早春时和玉兰花同期开放的深山含笑也误认作玉兰花。

和先花后叶的各种玉兰花明显不同，深山含笑开花时是花叶同枝。这是一种木兰科含笑属常绿大乔木，叶革质深绿色，四季常青。它们在早春时会开出满树白花，花朵洁白如玉、清香扑鼻。

从早春开始绽放于成都街头的“玉兰”其实也并不是一种，而是几种不同的玉兰花。望春玉兰、玉兰和二乔玉兰都是来自于木兰科木兰属的落叶乔木，是在成都最常见到的几种玉兰。

望春玉兰是成都最早开放的玉兰花之一，花朵较小，看上去只有6个“花瓣”（花被片），其实最外面还有3个小“花瓣”藏在了毛茸茸的芽鳞中。当成都的冬天还没有过去时，望春玉兰便捕捉到了春天的气息，迫不及待地开放了。难怪，此花会有“望春”之名。

明代文徵明《咏玉兰》云:“我知姑射真仙子，天遗霓裳试羽衣。”白玉兰也称玉兰，是我们熟悉的一种玉兰花。它们会稍迟于望春玉兰开放，花朵也要大上许多。明人王象晋《群芳谱》中说：“玉兰花九瓣，色白微碧，香味似兰，故名。”白玉兰有9个长得差不多大的“花瓣”（花被片），一树花开，霓裳片片，芳香怡人。

再稍后的时间，春意正浓时，紫色二乔玉兰开始满城绽放，一树紫花自有一种雍容华贵的气度。据说，二乔玉兰之名得自于三国时名动天下的大小二乔，喻其花姿优雅、娇媚如美人。因为二乔玉兰的花瓣紫色，大多数成都人会将二乔玉兰叫作“紫玉兰”。其实，二乔玉兰是玉兰与紫玉兰杂交培育而成，现在已广泛用于城市绿化。而真正的紫玉兰是低矮的灌木，在春色中开出一树紫花。成都周边的川西山野中分布有紫玉兰的原生种，在城市里反倒不太容易见到。

紫色的二乔玉兰花常被人称为辛夷花，其花苞生长在树枝枝条的末端，一个个形如笔头，将这样毛茸茸的花苞收集入药，便是一味药材，称辛夷。明代园林大家文震亨对二乔玉兰极为不屑，他在《长物志》中说："玉兰，宜种厅事前。对列数株，花时如玉圃琼林，最称绝胜。别有一种紫者，名木笔，不堪与玉兰作婢，古人称辛夷，即此花。"也许是辛夷花的紫色华丽神秘，于是性喜清雅的文震亨认为和白玉兰相比，这紫色的辛夷不够高洁，就算给白玉兰做奴婢都不配。而喜爱白玉兰、追求高洁品性的文震亨，明亡时，竟绝食六日殉国而亡。

在唐代，紫色却是高贵的象征。蓝田终南山中，辋川别业内有一处辛夷坞，坞内栽植着无数的辛夷花。每一年的春天，辛夷枝头一个个毛茸茸的花苞静静绽放，花瓣如朵朵莲花在春光中招展，不久又一瓣瓣地零落。辛夷坞的主人是王维，一位出身门阀世家、半官半隐的诗人。他对辛夷花无比喜爱，便用此花来命名自己的隐居之所。王维《辛夷坞》诗曰："木末芙蓉花，山中发红萼。涧户寂无人，纷纷开且落。"寂静山野，辛夷坞中，花开花落，岁月无声。

二乔玉兰如乔木的玉兰花一般高大，又有着矮小灌木紫玉兰的华丽色彩，无论是孤植或是丛植，都极为美观。一树院中绽放的二乔玉兰，还曾给了病中的陆游以莫大的慰藉。陆游晚年在大病之中望见窗外一树紫色的辛夷花，就将它幻化为一个高洁而又妩媚的女子，称她作女郎花。他作诗《病中观辛夷花》赞道："粲粲女郎花，忽满庭前枝。繁华虽少减，高雅亦足奇。"诗末说："明年傥未死，一笑当解颐。"

三月，春色之中的锦江两岸又到了辛夷花开的时节。随意行走在锦江河边的绿道，眼前会突然出现一大片盛开的辛夷花。它们用清新高雅的紫色，展现着这座锦官城的春光之美。

二乔玉兰

紫玉兰

望春玉兰

# 红叶李





三月初春，锦江丝管路音乐广场前，数株红叶李绽放出一树芳华。透过红叶李流光溢彩的花枝，可以望见河对岸的合江亭。顺着锦江边，走过了丝管路便是江风路。唐代杜甫《赠花卿》诗曰："锦城丝管日纷纷，半入江风半入云。"成都有许多街巷之名来自唐诗，走在这样的街巷之间，自然便多了许多诗情画意。

在早春明媚的阳光中，行走在锦江边的江风路上，红叶李的花瓣雨带来了诗意盎然的浪漫风景。红叶李粉色的小花开满了枝头，如粉

红色的流云流淌在金色的春光之中。虽然它们的花朵极为细小，却极其繁多。当它们成片开放时，无数的粉色小花在枝头间如粉色云霞氤氲蒸腾，蔚为壮观。

一阵风吹来，细碎的粉色花瓣于风中飘荡坠落，在地面上薄薄地铺了一层。于是在这花雨漫天的红叶李树下，总会有佳人在此眉目含情、顾盼生辉。

曹植《杂诗七首·其四》诗曰："南国有佳人，容华若桃李。"无论是把佳人喻作桃李，还是用桃李代指佳人，"投我以桃，报之以李"，春色中桃李与佳人总是相得益彰。和红叶李在成都街巷间的无限风光不同，开着一树雪白花朵的果木李树，如今却极难寻见。于是，在桃花还没有盛开的时候，红叶李便是成都最美丽的蔷薇科开花树。在早春季节，它们总是率先开花，仿佛成都的春光最早是由它们释放出来。

美好的事物总是极为短暂，红叶李在一夜之间被成都的春风唤醒，迅速地开出漫天的花朵，然后又很快地凋落。红叶李花期过后，才是桃花、樱花、海棠的季节，这时成都便进入了春天最美的季节。花开得从容、落得沉静，红叶李的花瓣雨就像是在告诉我们，成都最美的春天就要到来了。

红叶李的叶片呈红紫色，非常引人注目，是城市街头重要的彩叶树种。特别是在秋季，它们紫红色的叶子极为醒目。花期过后，红叶李也会和李子树一样结出核果，红色的核果近球形或椭圆形，像一个大樱桃，所以也被称为樱李。不过，红叶李从一开始不是作为果树，而是作为一种观花观叶观果的观赏树进入到城市。虽然它们会结出红红的李子，但是果子的口感并不好，多酸涩。面对红色的果子，总会有一些好奇又嘴馋的人悄悄摘了，稍作品尝后又偷偷扔掉了。

红叶李的祖先便是樱桃李，原产中亚至南欧一带，在我国新疆也有分布。经过园艺化开发后，红叶李如今已成为风靡世界的观赏花木。作为成都常见的园林和行道树种，红叶李与它的杂交后代美人梅一起，成为成都早春的亮丽风景。

# 棣棠花

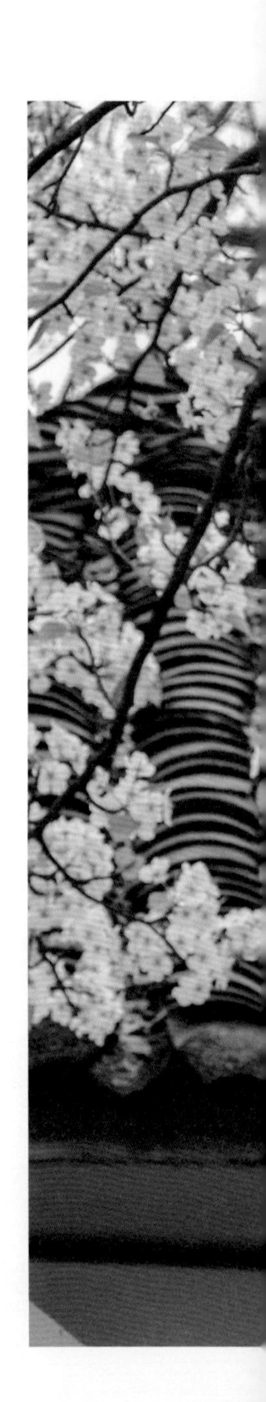





浣花溪湿地公园地处成都城西一环路和二环路之间，公园内有万树山、沧浪湖、白鹭洲等景观。此外，还有浣花溪和干河两条水系从园中穿过，环绕着杜甫草堂。浣花溪一带自古便是成都人游春赏花的胜地，曾经风靡成都的春日大游江，便是自万里桥上船，在丝竹管乐中，一直行到浣花溪，然后上岸观花踏青。每到此时，满城皆空，仕女骈集，观者如堵。这种一年一度的游江盛况，一直到近代才因为河道淤塞而消失。

明代袁华《浣花溪》诗曰："花迷巷南北，水接壤东西。行春向何许，只在浣花溪。"在春的季节，行走在成都浣花溪，满眼都是"花重锦官城"的明艳色彩。不过，在春天浣花溪各种缤纷的色彩中，最醒目的总是那一抹突然出现的金黄。当你看惯了柳绿桃红的时候，棣棠花总是给你带来一种突如其来的视觉冲击。尤其当一大片的金黄从开满白色花朵的李树枝间流淌下来时，那绝对就是一种惊艳了。

初春后，棣棠花的枝条上很快长出了互生的

深绿色的叶，叶面边缘是让人印象深刻的锐尖锯齿。棣棠花是蔷薇科棣棠花属的落叶灌木，清代学者陈淏子在《花镜》中记载："棣棠花，藤本丛生，叶如荼蘼，多尖而小，边如锯齿。"它们的植株并不高大，有着细长的、柔软的绿色枝条，向四下里拱垂出去。无论是在墙头上、树干旁还是河堤边，棣棠花就是这样一副"春光懒困倚微风"的慵懒模样。

在没有开花的时候，很少有人会关注枝条四散拱垂的棣棠花。一旦它们的花朵开始在春风中摇曳生姿，人们便很难忽视它们那一丛丛自枝头绽放的金黄色的花朵。"绿地缕金罗结带，为谁开放可怜春？"在春光中，曾任成都知府的范成大行走在江南家乡沈家店的乡间道路上，突然看到了路边正在盛开的棣棠花。它没有盛开于庭院，而是绽放在大路边，既不择地而居也不择人而开，让人难忘那种春日中金黄色的清新和美好。

棣棠花在中国分布很广，野生的棣棠花大多是单瓣的，在山野之间开放时自有一番自在清灵之感。今天，我们在城市之中见到的棣棠花，大多是棣棠的一个栽培变型——重瓣棣棠花。当它们盛放的时候，一层层的花瓣纷繁复杂，从拱垂枝条上流动下来的金黄色，甚至会让人有一种"乱蕊压枝繁"的压迫感。

那一年的春末，旅居成都浣花溪畔草堂中的杜甫见到了棣棠花盛开。他心中思念着遥远的洛阳，于是写下了“梅花欲开不自觉，棣萼一别永相望”的诗句。

棣棠是原产于我国的古老植物，“棣”音同“弟”，古人以棣萼来代指兄弟。棣棠花之名据说最早出自《诗经·小雅·常棣》：“常棣之华，鄂不韡韡。凡今之人，莫如兄弟。”“韡韡”是指常棣花鲜明茂盛的样子。《诗经》中的常棣指的是棣棠花还是另外的蔷薇科植物唐棣或者郁李，后世也有争议。人们用棣棠花比喻兄弟之情，使棣棠更加富于诗意。

853年（唐宣宗大中七年），白敏中来到了四川，担任成都尹、剑南西川节度使。白敏中在成都生活了整整五年，浣花溪、摩诃池、万里桥、合江亭都留下过他的足迹。今天，都江堰松茂古道上被誉为“川西锁钥”的玉垒关，便是他在四川任职期间主持修建的。

曾经状元及第的白敏中有一个大名鼎鼎的堂兄——著名的大诗人白居易，堂弟白行简也是名动一时的文学家。兄弟几人颠沛流离，各自在宦海中浮沉。在一个月华如洗的夜晚，白居易望月感怀，写下了“时难年荒世业空，弟兄羁旅各西东”的诗句。

820年（唐宪宗元和十五年），白居易在返回长安的途中，夜宿长安西南商於古道的棣华驿，这个驿站以盛产棣棠花而得名。这一天晚上，白居易听说有一个叫杨八（虞卿）的旅人，在这个驿站梦见了自己的兄弟，并在驿站壁前题诗留念。望着窗外夜色中的棣棠，读着壁上这首题诗，白居易难掩心中的思念，于是写下了《棣华驿见杨八题梦兄弟诗》：

遥闻旅宿梦兄弟，应为邮亭名棣华。
名作棣华来早晚，自题诗后属杨家。

824年（唐穆宗长庆四年），白居易被贬为杭州刺史，从长安前往杭州。他再次来到棣华驿，期望能在梦中见到他思念的兄弟。只是一觉睡到天明，亲人们的身影却没有出现在他的梦中。心中感怀不已的白居易再次提笔写下《赴杭州重宿棣华驿，见杨八旧诗，感题一绝》：

往恨今愁应不殊，题诗梁下又踟蹰。
羡君犹梦见兄弟，我到天明睡亦无。

金黄色的棣棠花还会一年又一年在春光中开放，只是这个时候，大唐盛世的最后一抹余晖早已沉沉西下。于是，白居易诗中所感念的兄弟手足之情，在中晚唐的离乱和黑暗中更显得弥足珍贵。

# 海棠花

成都三月的春色中，不经意地走在蜀都大道上，突然就发现了东门大桥边上的这一树海棠繁花。阳光温暖而明媚，海棠花开得正好，花瓣在光线映射下散发出旖旎变幻的光芒，仿佛一位娇俏动人的女子，在光影间舞动着自己轻灵的身姿。

成都的春天是各种蔷薇科植物争艳的春天，美人梅、红叶李、各种各样的樱花、桃花、梨花、贴梗海棠和海棠花，这些蔷薇科的开花树木在经历了一个冬天的蛰伏后，仿佛听到了春天的召唤，争先恐后地绽放，让你措手不及。面对满城的繁花似锦，难怪李白会发出“草树云山如锦绣，秦川得及此间无”的赞叹。

据说，晚唐李德裕主政西川时，在成都城中遍植海棠，使成都成为一座海棠花开的城市。直到今天，成都市内栽种的海棠品种和数量也非常多，主要有垂丝海棠、西府海棠和各种杂交的海棠品种。与垂首低头的垂丝海棠相比，西府海棠花更大而繁密，有一种让人愉悦的香甜气息。

海棠是蔷薇科苹果属的植物，苹果属也叫海棠属，所以，我们吃的苹果本质上就是一种海棠。苹果属植物中，如苹果被人类培育成著名的水果，而如海棠、西府海棠、垂丝海棠则成为著名的观赏花木。到了秋季，这些曾经花满枝头的海棠，许多品种仍会结出累累的果实。比如西府海棠，花期过后会结出果实，从绿渐渐变黄，就如同一

个个小苹果。这种果实酸甜可食、气味芳香，可用于制作蜜饯。这个属中仍然还有不少种，比如我国特有的西蜀海棠，生活在西南的山野之中，成为春天里默默无闻的风景。

许多植物有海棠之名，但和苹果属的海棠花无关，就比如同为蔷薇科木瓜属的贴梗海棠和木瓜海棠。尽管《群芳谱》将这两种木瓜属的植物都列入“海棠四品”之中，但从植物学上讲，它们虽有海棠之名，却并非是苹果属的海棠花。

还有一些和蔷薇科一点关系都没有的“海棠”，比如观花观叶的秋海棠是秋海棠科的，花市中能见到的鹿角海棠是番杏科的，黄海棠是藤黄科的，野海棠是野牡丹科的，当然这野牡丹科既不是海棠更不是牡丹。这些林林总总的名字中带有“海棠”的植物，常常使对植物不太了解的人因为名字而犯了迷糊，以致张冠李戴。

蔷薇科苹果属的海棠花，方为“真正的”海棠。海棠花或粉白，或粉红，或粉紫，有单瓣的也有重瓣的，经过人类多年的培育，品种也越来越丰富。无论是春天观花还是秋天观果，它们的美总是让人赞叹不已。

海棠花总是开在成都春光最美的时候。陆游《自合江亭涉江至赵园》曰：“政为梅花忆两京，海棠又满锦官城。”面对锦江两岸如此美景，谁又能不为之心动呢？成书于元代的《岁华纪丽谱》记载：“成都游赏之盛，甲于西蜀，盖地大物繁而俗好娱乐。”自宋元以后，二月二日踏青节便成为成都的一大盛事。这一天，全城的人都会来到万里桥，在此乘船沿锦江游玩，两岸海棠斗艳、江中画舫争流这种热闹的情景会一直持续到夜间。

可以说，成都处处都有海棠。“昔闻游客话芳菲，濯锦江头几万枝”是贾岛在前往成都时对锦江海棠的向往，“只恐夜深花睡去，故烧高烛照红妆”是苏东坡为海棠花秉烛夜游的浪漫温柔，而“我游西川醉千场，万花成围柳着行”则是陆游在青青柳色间行走于海棠花丛中的快意。

对成都海棠花最为痴恋的，当属陆游。“倚锦瑟，击玉壶，吴中狂士游成都。成都海棠十万株，繁华盛丽天下无。”自号吴中狂士的陆游，在成都度过了他一生中最为闲适随意的一段时光。陆游一生写了40余首海棠诗，多是在成都所作。他对成都怀有深沉的情感，常在人前以蜀人自居。他称自己“前生定蜀人”，把成都称为“吾蜀”，成都已然是他的家乡。他还自称“海棠颠”。《花时遍游诸家园》曰：

看花南陌复东阡，晓露初干日正妍。

走马碧鸡坊里去，市人唤作海棠颠。

陆游走马前往的碧鸡坊，是中晚唐时成都才女薛涛的隐居之地。这里的海棠花相传是薛涛亲手植下，而送来海棠花的便是西川节度使李德裕。此时的薛涛在和元稹经历了一段刻骨铭心的恋情后，也许

是厌倦了周旋于达官显宦之间，也许是青春不再容颜已老，也许是对个人感情不再抱有任何的幻想和期待，于是在锦江边碧鸡坊建起吟诗楼，四周植竹无数。她一袭道袍，每日只在竹间弹琴赋诗。

海棠因其妩媚动人常被用来形容美人娇好的容貌，更喻指美人的聪慧，因此有“解语花”的别称。李德裕赠来的海棠花应是打动了薛涛，她将海棠栽植于碧鸡坊，并和诗一首《棠梨花和李太尉》:

吴均蕙圃移嘉木，正及东溪春雨时。
日晚莺啼何所为，浅深红腻压繁枝。

春光苦短，海棠的花季总是不长久，早春多变的天气更是让这种美好变得短暂而不确定。唐代吴融《海棠二首》：“云绽霞铺锦水头，占春颜色最风流。”所以，赏花需趁着最美好的春光及时前往，否则，一场突如其来的倒春寒，头一日还在满树绽放的海棠花，一夜之间便会“零落成泥碾作尘”了。

# 桃花

隐隐飞桥隔野烟，石矶西畔问渔船。

桃花尽日随流水，洞在清溪何处边。

猛追湾旁府河岸边，成都游乐园原址处是成华公园。园中有一处新景，名为桃花溪谷，在这处起伏的坡地上，栽植了不少桃花。“桃花溪谷”出自东晋陶渊明的《桃花源记》。唐人张旭被尊为“草圣”，不仅草书冠绝天下，诗也作得极好。这首名为《桃花溪》的诗，尽得桃花流水的意趣。

三月，成都桃花盛开，桃花下是数不清的赏花人。成都的春天不能没有桃花，成都人觉得如果没有赏桃花，便如同没有经历过春天一样。

黄师塔前江水东，春光懒困倚微风。

桃花一簇开无主，可爱深红爱浅红？

那一年，在成都西郊浣花溪畔建成草堂后，刚刚安定下来的杜甫，在一个春光明媚的日子，独步于锦江之畔。春光困倦之中，他倚住微风，看那桃花开得如此绚烂绮丽。此时的杜甫已年过半百，经颠沛流离后入蜀，在成都建起草堂，生活稍稍安定。成都锦江边的春日桃花，给了他莫大的慰藉。

桃是原产于我国的蔷薇科李属的落叶小乔木，栽植历史悠久。《诗经》之中多有记载，最为人所熟知的一句应是“桃之夭夭，灼灼其华”。《诗经·魏风·园有桃》：“园有桃，其实之肴。心之忧矣，我歌且谣。”看着鲜美可口的桃子，诗人的内心却充满了忧伤。对生性乐观的成都人来讲，无论是春日看桃花还是夏日吃桃子，都是一件人生乐事，绝对不会满心忧伤。

除了鲜桃可食，桃花更是我国传统的园林花木。成都自古桃花品种众多，除了普通的桃花，更有碧桃、绯桃、千瓣白桃等观赏佳品。三月，行走于成华公园附近的锦江河边，可见千瓣白桃盛开，一朵朵干净素雅的桃花点缀于枝间。成华公园对面是活水公园，园内有一株碧桃绽放，一树夺目艳红。成都植物园中的几株菊花桃，桃红色的花瓣似菊花，极为惊艳。

龙泉山地处成都东面，以盛产水蜜桃、枇杷等各种水果闻名。三月初，正是龙泉桃花漫山遍野开放的季节，这时成都人大都呼朋引伴，和数万亩桃花共赴一场春天的约会。

每每桃花盛开，我总会想起多年前成都城北凤凰山的桃花林。当年父亲用自行车挂着一个车斗，载着一家四口人，在我们的笑语欢歌中一路向北骑行。很有干劲的父亲会把我们一路载至凤凰山桃花林，找一棵最美的桃花树。我们在树下摊开一张塑料布，席地而坐，一边吃着各种美食，一边看着远处凤凰山机场上有着一双翅膀的安－24运输机起起落落。餐后，母亲带着我和姐姐在桃花林下的草坪中，寻找一种叫作“棉花草”的毛茸茸的小草，然后把它们摘下放入篮中。如果用手轻轻撕扯棉花草柔软多毛的嫩叶，总会丝丝相连、撕扯不断。在桃花丛中尽兴玩耍一天归家后，母亲便会用棉花草做出极为可口的“艾馍馍”。这种滋味仿佛春天的味道，永远留在我记忆的深处。

棉花草（又叫鼠麴草）这种不起眼的菊科植物，会开出极细小的黄色小花。它们总是好几株长在一起，全身覆盖着一层白色的柔毛。许多年后，在桃花盛开的季节，我也会带着自己的孩子，到龙泉山上

菊花桃

千瓣白桃

桃花

摘棉花草，做艾馍馍。孩子兴奋地跑来跑去，在桃树下寻找棉花草，小心翼翼地摘下放入袋中，期待着美味。回家后，我们会一起将棉花草捣碎后，和上糯米粉，做出绿色的艾馍馍。虽然味道比母亲做的差了很多，但总觉得极有趣味。

“花开与花落，流水送流年。”无论是父亲用自行车载着我们奔向凤凰山桃花林，还是我的孩子奔跑在龙泉山桃花丛中，这种温柔时光中桃花源般的美好，仿佛就是不久以前的事。也许，每个人的心中，都会有自己珍藏的“桃花源”吧。

碧桃

# 繁花似锦

“春日迟迟，卉木萋萋。仓庚喈喈，采蘩祁祁。”这是成都春日里最美的时节。成都满城花开的海棠花已化为纷纷的花瓣雨；红星桥头，锦江两岸一排排如护卫一样笔直的泡桐树再次开放出一树壮观的花朵；新华大道上木绣球的绚烂又如约而至；华西坝与浆洗街，又迎来了黄花风铃木摇曳在春天里的金色风铃。这是花重锦官城的成都春天，这是一个注定要为看花而奔忙的季节，难怪陆游会说：“我游西川醉千场，万花成围柳著行。”

# 刺桐





从四川大学南大门一出门便是郭家桥，这是一条有着历史年代感的老街。街道两侧是老旧杂乱的小区楼房和临街商铺，人来人往，热闹无比。郭家桥这个地名得名于锦江边一座同名古桥，有人说此桥因紧邻一户郭姓人家而得名，也有人说此桥是因当地一郭姓大户捐资修建而得名。不过今天，郭家桥早已湮灭于历史中，只留下了一个地名。

三月末，郭家桥街心一处小花园中，刺桐花正如火焰一般在枝头盛放。无数的花朵如火焰在枝头燃烧起舞，用张扬醒目的橙红装扮着这条老街。

刺桐是豆科刺桐属的高大乔木，原产于印度至大洋洲海岸边。汉代时，刺桐沿着海上丝绸之路从印度半岛来到中国，栽植于中国南方。西晋嵇含在《南方草木状》中记载："刺桐，其木为材，三月三时布叶繁密，后有花赤色，间生叶间，旁照他物，皆朱殷。然三五房凋，则三五复发，如是者竟岁，九真有之。"寥寥数笔便描绘出刺桐的花色、花期和反复开花的特点。

在成都，同属于刺桐属的还有鸡冠刺桐和龙牙花，它们开放在初夏五月的季节，红花绿叶相间，同样是极为美丽的庭院观赏植物。不过，和来自旧大陆、很早就进入我国南方的高大乔木刺桐花不同，这两种小乔木来自于新大陆的南美，直到20世纪才进入我国。龙牙花也被称为象牙红或珊瑚刺桐，旗瓣形如一只只鲜红的象牙，花序如一枝珊瑚直刺天空，花色明艳亮丽。鸡冠刺桐橙红色的旗瓣状如鸡冠，一树花开时极为华丽夺目。

元代时，威尼斯的旅行家马可·波罗来到了成都。他在锦江之畔，望着江面往来如梭的船只，感慨着成都府的恢宏壮丽。在《马可·波罗游记》中，除了成都，他衷心赞美的还有一座海港城。它们都以花为名——芙蓉城成都和刺桐城泉州。

北宋吕造《刺桐城》诗曰："闽海云霞绕刺桐，往年城郭为谁封。"泉州曾经是世界财富的中心。《马可·波罗游记》写道："到第五日晚上，便到达宏伟美丽的刺桐城。刺桐城的沿海有一个港口，船舶往来如织，装载着各种商品……"

五代时，泉州刺史留从效在中原大乱时起兵割据泉州长达17年，使地处东南偏远之地的泉州远离了中原的战火。留从效喜爱刺桐树，命人在城墙四周遍植刺桐树，"刺桐城"一名由此而来。"刺桐古城花欲燃"，当时已有不少阿拉伯商人到泉州进行贸易，因为泉州满城遍植刺桐树，所以他们便把泉州称为"Zayton"（刺桐）。正因为刺桐和泉州有如此深的渊源，刺桐便成为泉州的象征，刺桐花也成为泉州市花。与此同时，后蜀主孟昶曾于成都罗城城墙上遍植芙蓉，秋间盛开时“四十里如锦绣”。芙蓉城成都同样因偏安西南一隅，远离了战火。

马可·波罗的时代，成都应该还没有这火红的刺桐。刺桐被大规模地引种栽植是在20世纪，到了90年代一度成为成都街道主要的行道树种之一。刺桐生长迅速，可以很快成材，树干高大花姿壮观，一年四季都可以开花。这是一种落叶的豆科乔木，春天是它们的盛花期。刺桐在枝头如火的花序为成都的春光，增添了几许不一样的南国风情。因为刺桐根系较浅、枝干松脆，风雨时容易倒伏，所以已逐渐退出成都街头主力行道树的队伍。不过我们还是能在这个城市的许多地方，观赏到它们“林梢簇簇红霞烂”的绚丽色彩。

鸡冠刺桐

龙牙花

# 樱花

三月起，成都进入了春天最美的时节。这个季节的成都街头，是蔷薇科植物的天下。在蔷薇科开花的树里，樱花一直伴随着从早春到盛春成都最美的时光。每当各种各样的樱花和桃李海棠一起盛开时，少不了有许多人张冠李戴、指樱为桃。因此，不少人会想要一个个分辨清楚这些街头蔷薇科开花的树。

樱是蔷薇科李属樱亚属植物，全世界的樱亚属植物有100余种，分布于北半球温带地区，主要种类分布在我国西南、日本和朝鲜。由于植物分类学家意见尚不一致，加之樱亚属植物有着极为悠久的栽培历史、品种极多，因此樱亚属物种的总数也颇有出入。今天，在成都周边的西南山地的群山之间，还分布着许多樱亚属的野生物种。它们同样会在寂静山野的春光中绽放出惊人的美丽，只是大多数人无缘得见。在樱亚属植物中，中国樱桃、欧洲甜樱桃是两种深受喜爱的重要果树。

虽说扬雄《蜀都赋》就有了“被以樱梅，树以木兰”的记述，但由于日本自古以来培育了众多樱花品种，并广泛应用于城市园林中，所以通常提起樱花，人们便会想到日本樱花。今天，中国各大城市栽植的各种观赏樱花中重要的园林品种，最早多是由日本引入。从它们大规模地来到成都起，短短数十年，很快便开遍了这个城市的大街小巷，俘获了无数成都人的心。

春日的成都街头，樱花无处不在。从早春到盛春，各种樱花在成都次第开放。二月底，不少早樱品种开始一树花开。在一些绿地公园内，偶尔还能见到红色的寒绯樱在悄然绽放。四川大学自然博物馆旁，躲在一处小院中的中国樱桃盛开着满树小巧玲珑的花朵。转眼到了三月上旬，一夜春风，沙河公园中的山樱花俏丽烂漫，染井吉野樱繁花似雪。再稍后，锦江两岸粉红的关山樱又应时而开，这也是各大城市最为常见的日本晚樱品种。它们数量众多，花量极大，繁复的花瓣重重叠叠，花开不断。

在成都市区内，有许多栽种樱花的街道。三月末，是晚樱的花

寒绯樱
山樱花
染井吉野樱
郁金樱
关山樱

季，关山和郁金等著名观赏品种开始在城市中的各个角落盛开。城南武侯祠大街上，数百株关山樱开始绽放。从武侯祠博物馆大门一直到太成宾馆，武侯祠大街数百米的道路两侧，近百株盛放的樱花形成了一条极为美丽壮观的樱花大道。

武侯祠大街得名于这条街道上纪念蜀汉丞相诸葛孔明的武侯祠。说来有些奇怪，提到这座君臣合祀的武侯祠，我们总是习惯性地忽略了建立蜀汉的刘备，以及武侯祠的另外一个名字：汉昭烈庙。“丞相祠堂何处寻，锦官城外柏森森。”只是，今天的武侯祠和武侯祠大街早已不在锦官城外，已地处城市核心区，武侯祠门前的森森古柏也已踪影难寻。“一夜风吹静中柔，满树银雪覆枝头。”在明媚的春光中，武侯祠大街两侧的晚樱开始了最后的绚丽绽放。

走在武侯祠大街，你会发现，樱花大道的一头连着成都的古老历史，另一头连着成都的时尚现代。晚樱盛开的时候，也是成都春意最浓的时节。樱花的花季总是无比短暂，几日前还在枝头热闹盛放的樱花转眼就纷纷凋零飘落。有人说，樱花最美的时候，总是它飘落的那一瞬间。看着满城樱花飞舞纷落，一场樱花雨更渲染出“晓看红湿处，花重锦官城”的绝色风光。

# 黄花风铃木





“我说你是人间的四月天，笑响点亮了四面风，轻灵在春的光艳中交舞着变……”四月初，华西坝与浆洗街再次迎来了摇曳在春天里的金色风铃。

浆洗街是成都的一条老街，从清代开始，成都的皮革工匠大都聚集于此。他们在此硝制浆洗皮革，浆洗街也因此而得名。今天，浆洗街上早已不见皮革工匠们忙碌的身影，而成为繁华的商业街。

有一年清明前后，浆洗街街中央的绿化隔离带上出现了一种开满金黄色花朵的乔木，吸引了路人的眼球。满树金黄色的花朵聚集在枝头，灿烂的金黄色不掺一点杂质。此后每一年的春天，这种短暂绽放的绚丽黄色风铃总是出现在浆洗街街头，使它迅速成为令人瞩目的大街。

穿过连接着浆洗街的小天竺街，就是华西坝。这里是中国西部第一所现代意义上的大学，也是中国现代口腔医学的发源地。春光中，满树的金黄色花朵掩映着中西合璧的古老建筑，向人们讲述着一个个百年华西的传奇。

这种绽放着一树金黄色花朵的行道树，便是近年来才出现在成都街头的黄花风铃木。它也叫黄钟木、巴西风铃木，是紫葳科的落叶乔木。黄花风铃木原产南美洲南回归线附近，因花色金黄、花冠形似风铃而得名，是巴西的国花。黄花风铃木木质坚硬又有韧性，据说，亚马孙丛林中的土著用它制弓狩猎。春光中，黄花风铃木成排出现在成都街道上，放眼望去满目金黄。

在成都，每年四月清明前后黄花风铃木盛开，开花时常常只见花不见叶，花期极为短暂，盛花期常不到10天。黄花风铃木性喜温暖却不耐寒，冬季需要温暖避风的环境，才能顽强地挺过成都早春多变的天气，绽放出一树金色春光。人间四月，春光易逝，不过数日之间，黄花风铃木漏斗状的金色花瓣便随风而落。花期过后，树枝开始缀满绿叶。夏日时光，在一排排黄花风铃木浓郁的绿荫遮蔽下，街道显得葱葱郁郁。深秋时节，一树秋叶落尽，几个孤零零长条形的蓇葖果还宿存于光秃秃的枝头摇荡，使你再难想象它们曾经一树金黄、风

华正茂的样子。美好的东西总是转瞬即逝，经过一个冬天，在成都的街道上再次见到串串金色“风铃”摇曳在春光中的时候，我们更应懂得珍惜。

# 泡桐

红星桥，成都人习惯叫它一号桥。1985年，成都游乐园在一号桥侧建成开园。每到周末，这里总是人头攒动、热闹非凡。游乐园有成都最早的高空翻滚列车，府河边高耸的摩天轮也成为成都一处新的城市地标。多年以后，曾经人流如潮的游乐园早已关闭，高高的摩天轮也不见踪影。承载了一代成都人童年欢乐的游乐园，已成为一处安静的市政公园，只有府河边的泡桐树每年还会静静地开放。

我对一号桥印象最深的并不是道路，也不是桥梁，而是锦江两岸一排排如护卫一样笔直的泡桐树。红星路通过一号桥横跨锦江，在每年清明前，这里是观看锦江两岸泡桐花开的最佳地点之一。站在桥头，可以尽情欣赏锦江两岸泡桐树如紫色云霞一样盛放的花朵。

南朝时丘迟《与陈伯之书》曰："暮春三月，江南草长，杂花生树，群莺乱飞。"泡桐花有着巨大的紫色花冠，呈漏斗状钟形，花冠腹部通常有两条纵褶，在纵褶隆起处为黄色，花冠内面常有深紫色斑点。白居易《桐花》诗曰："春令有常候，清明桐始发。"清明前后，泡桐盛开，无数花朵于枝头垒成宝塔形状，宛如紫色云霞。此时锦江两岸紫云灿烂，蔚为壮观。

泡桐原产我国温带地区，在我国分布很广，是我国原生的树种。远古时期，就有"神农、黄帝削桐为琴"的传说。泡桐是我国古人栽培历史最久的用材树之一，《诗经·鄘风·定之方中》有言："椅桐梓漆，爰伐琴瑟。"东汉桓谭《新论·琴道》篇记载，神农氏"削桐为

琴，绳丝为弦”，制琴以教化天下万民。泡桐自古便是制作乐器的良材。“款款东南望，一曲凤求凰”，当年才子司马长卿在蜀地即席抚琴一曲《凤求凰》，卓文君听琴知雅意，两情相悦，成就千古佳话。

泡桐的花序通常有3～5朵花。初冬时节花序开始萌发，冬季花序枝上长着毛茸茸的像果子一样的花苞，很多人会把它误认为果实。“白桐无子，冬结似子者，乃是明年之花房。”北魏的贾思勰在《齐民要术》中准确地记录了泡桐的这个特征。泡桐壮观的一树紫华便是在这不起眼的毛茸茸的花苞中孕育。

古时“桐”的典籍常常混用，造成了后来“梧桐”“泡桐”的混淆不清。在秦汉以前，我们的祖先对这两种不同的树木区分得非常清楚。“梧”和“桐”本来是指两种树木，“梧”指梧桐，“桐”指泡桐。“梧”字从木从吾，吾亦声。“吾”的含义为“中立的”，引申为“正直的”，“梧”就是“一种树干高而正直的树木”。“一株青玉立，千叶绿云委”，这也非常符合梧桐树挺拔修长的形象。《说文》：“梧，梧桐木。从木吾声。”

《礼记·月令》记载“季春之月，桐始华”，季春是农历三月，桐花花开。这里提到的桐花是梧桐还是泡桐呢？梧桐开花通常在农历五月（五月下旬～七月上旬），而且梧桐没有花瓣，淡黄绿色微小细碎的小花很难引起人们的关注。所以《礼记·月令》所讲的“桐”，不是梧桐而是泡桐。

北宋晏殊曾作《梧桐》，诗中描绘的桐花“天开紫英”的景象，指的正是泡桐开花：

苍苍梧桐，悠悠古风，叶若碧云，伟仪出众。
根在清源，天开紫英，星宿其上，美禽来鸣。
世有嘉木，心自通灵，可以为琴，春秋和声。
卧听夜雨，起看雪晴，独立正直，巍巍德荣。

许多年前的成都，在清明前后，街巷院落满树的泡桐花曾经是小朋友们的最爱。因为桐花富含花蜜，而且花蜜十分美味。小时候，我最爱爬到泡桐树上摘下泡桐花吸吮里面的花蜜。这种甜美的滋味穿越时间，

使我一直铭记于心。在那个时候泡桐花是喂猪的好饲料，据喂过猪的人讲，猪吃了都很满意。虽然我没有喂过猪，但尚能体会猪大吃泡桐花时的快乐。

今年府河边的泡桐居然开得特别早，花期比往年整整提前了半个月。三月中旬，锦江两岸便已是一树繁花，空气中满是泡桐花浓郁袭人的香气。清明时节，一夜春雨桐花尽落，泡桐花季已经过去。此时成都周边山野中，泡桐却正是一树繁花。于是，人们轻衣快马逐花而去。

唐代女诗人鲍君徽《惜花吟》诗曰："昨日看花花灼灼，今朝看花花欲落。不如尽此花下欢，莫待春风总吹却。"每次于春光中观花，总会发现这种种极为短暂的美好。"问春何苦匆匆，带风伴雨如驰骤"，春光易逝，花不待人。

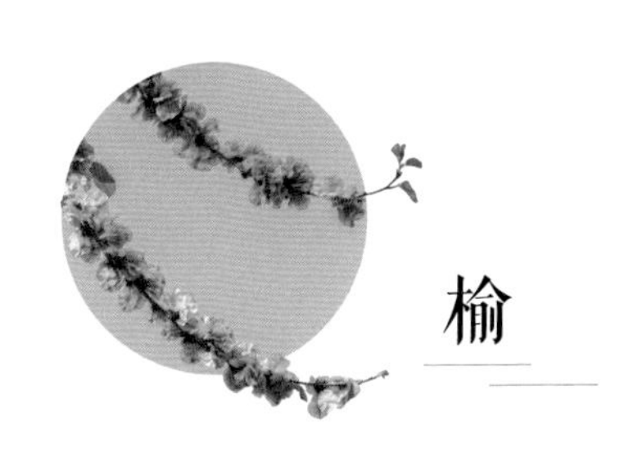

# 榆

四月初，成都城东南琉璃路琉璃桥，这里已是成都沙河下游最后的一座桥。沙河水从桥下缓缓流过，再往下不到一公里汇入锦江。许多年前，成都进行了沙河综合整治工程，如今琉璃桥两岸早已绿树成荫、碧波荡漾。这个季节，沙河边的绿地公园正是一派盛春时节的芳菲盛景。琉璃桥头，沙河岸边有一棵榆树，嶙峋的枝条随意地伸展到桥上，青翠的榆钱儿已布满枝头。

《诗经·唐风·山有枢》说："山有枢，隰有榆。"这里就提到了榆科的两种榆，枢是指刺榆属的刺榆，而榆就是我们常见的榆属的榆树。据《韩诗外传》卷十记载，春秋时期楚庄王打算兴师伐晋，告诉士大夫说："敢谏者死无赦。"在众人噤若寒蝉之时，孙书敖却跑出来给楚王讲了一个故事："臣园中有榆，其上有蝉，蝉方奋翼悲鸣，欲饮清露，不知螳螂之在后……"原来，这"螳螂捕蝉，黄雀在后"的成语产生于一棵大榆树上。

早在春秋时期，这种榆科榆属的落叶乔木便已被广泛栽种，成为中国人最为熟悉的乡土植物。榆树易活，树龄较长，成为我们相伴一生的植物伙伴。热爱田园生活的陶渊明，回归田园后便在自家的房前屋后栽上榆树。他在《归园田居》中写道："方宅十余亩，草屋八九间。榆柳荫后檐，桃李罗堂前。"明代文震亨在《长物志·花木》中说："槐榆宜植门庭，板扉绿映，真如翠幄。"

榆树最让人印象深刻的是它的果实。榆果是近圆形的翅果，俗称“榆钱儿”。民间常说：“阳宅背后栽榆树，铜钱串串必主富。”榆钱谐音“余钱”，古人栽植榆树，也有讨个吉利的意思。榆钱儿刚长出来的时候是淡绿色，然后变成白黄色。果实成熟后，一阵风吹来，圆形的翅果纷纷带着很轻的种子离开榆树，飞到很远的地方。

榆钱儿色泽翠绿、气味清香，每一簇都有多瓣的钱串紧紧地簇拥在一起。在过去，榆树总是栽种在家家户户的房前屋后，弯弯曲曲的枝干和满是疙瘩的树皮很容易让小朋友爬上爬下。于是当春天榆树又长满了一树榆钱儿的时候，总会有小孩子开心地爬上去，把榆钱儿捋下来，趁着鲜嫩塞到嘴里吃。大快朵颐之后，再把剩下的榆钱儿带回家，拌上玉米面，撒上一点盐上锅蒸，美味时令的榆钱饭便做好了。榆树让我们品尝了春天的味道，遒劲的枝干供小孩子们爬上爬下玩耍，夏季用浓荫为人们提供绿意和清凉。面对这么亲切的乡土植物，榆树想必应是人见人爱。

如今，歪歪斜斜、疙瘩满身的榆树无法成为城市街头如标兵般成排挺立的行道树，一棵棵房前屋后的老榆树也随着一个个古老的街巷和村镇的变迁而消失。榆树的美好终究只属于童年的记忆，它已躲藏到这个城市的角落之中，以至于在这春色之中吃上一餐大自然馈赠的榆钱饭也成为人们的一种奢望了。

# 灯台树与朴树





津，即渡口码头，水津街曾经是连接着成都锦江渡口码头的交通要道，街名也来源于此。曾经无数的船只就停靠在成都锦江水津码头，酒肆里飘出水井坊新酿的扑鼻酒香，码头客栈里住满了南来北往的客商。水津街逼仄的街道上人来人往、喧嚣热闹，光着膀子的苦力们就靠在河边的大树下歇凉。离此地不远处，便是官府设立的通达南北的驿站——锦官驿。

今天，曾经对成都十分重要的内河航运早已消失，水津街虽然未改街名，但过去的水码头已踪迹全无。取而代之的是一个成都人耳熟能详的地名，那便是兰桂坊。如果你告诉出租车司机要去水津街，也许司机还要想上一会儿，而你一说兰桂坊，司机连想都不用想了。

不变的是锦江岸边的深深绿荫。四月初，水津街河边两棵灯台树又如约盛放出细碎的花朵。灯台树是一种高大的落叶乔木，在成都周边的山野之间分布极多，也是中国原生的乡土树种。灯台树的树姿极为优美，树皮光滑，主干高大挺拔，树冠浓密，侧枝层层铺开。灯台树开花时，一朵朵白色的四枚花瓣的小花一层层布满枝头，阳光映射之下宛若明亮的灯盏。

灯台树在成都街道用作行道树并不多见，它优雅的树形非常适合于孤植。灯台树是四川山野中最为常见的本地原生树种，成都周边山野温暖湿润的气候环境，非常适合灯台树的生长。许多年前，当水津街还是成都老码头的时候，灯台树就生活在这座城市。再后来，随着许多外来园林行道树在成都落户生长，灯台树又从城市街头回归于山野，在中心城区渐渐淡出了成都人的视线。今天这种乡土植物能够回归到城市中，使人们在春光中见到它一树繁花，的确是值得高兴的事。也许以后，在成都中心城区，会越来越多地见到它们层层叠叠宛若灯盏的优美身影。

同样是本地原生的乡土植物，相比于熠熠生辉的灯台树，榆科朴属的朴树显得平凡而低调。朴树的朴不读pǔ，也不读piáo，而是读pò。多年以来，朴树一直生活在这个城市的街头、小区庭院中，虽然

灯台树

灯台树

数量众多，却从不引人注目。从它们灰褐光滑的树干边路过的人们，几乎未曾注意过它们。

淡绿色的朴树花盛开在早春时节，如果不是几只蜜蜂在枝间花丛嗡嗡起舞，人们很难注意到这种低调高大的落叶树，在新生的嫩绿新叶间悄悄地开出了一簇簇素色的小花。

花期后，朴树会结出小小的绿色的圆形果实，称为朴子。和它们的花相似，它们小小的果子也同样低调。这种圆圆的果实有一个很大的核，由春至夏后逐渐成熟，变成暗橙色。朴树的果实数量众多，尽管不大，却深受众多鸟类的喜爱。鸟儿们啄食了朴子，把它们的坚硬的种核带到远方。这种圆球状的核果曾是那些调皮孩子们喜爱的玩具，孩子们将它们一颗颗收集起来，装上一小袋，然后在树后墙角间用弹弓对射。小小的朴子打在身上时，孩子们还是会疼。

阳光透过朴树新生的嫩绿树叶，映射出一条条极为清晰的叶脉，入眼全都是春的绿意。今天的水津街头不再有街巷大院，淘气的孩子们也不会再玩耍弹射朴子的危险游戏。孩子们手中的掌上游戏机取代了自制弹弓，机场高铁取代了水津渡码头，五星级的酒店取代了锦官驿客栈，兰桂坊取代了水井坊和水津街。在灯台树和朴树这两种乡土植物的树荫里，这里灯红酒绿、欢歌笑语，在喧嚣的都市中留下了许多新的传奇。

朴树

朴树的果实

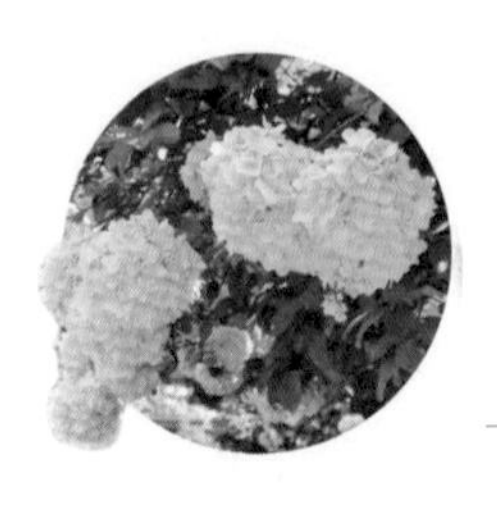

# 木绣球





成都那一条条独特而有个性的街道，承载了城市的四季。于最美的春光中，漫步于成都的街头巷尾，便会随时随地感受到“花重锦官城”的色彩。四月伊始，新华大道文武路和德盛路，木绣球的绚烂又如约而至。

木绣球虽然名字中有“绣球”二字，但是，它并不是绣球花科绣球属，而是忍冬科荚蒾属的植物，是一种一直被叫作“绣球”的荚蒾。木绣球的花序由白色大型的不孕边花组成，和绣球的不孕花萼片组成的花序极为相似。无论是荚蒾属木绣球还是绣球属绣球，它们花

开之时，硕大的团花都似绣球一般挂在枝头，两者极为相似。虽然古人也曾做过区分，不过更多的时候，他们总是会将木绣球和绣球两种不同科属的植物混为一谈。

木绣球为中国原生植物，其绣球之名更是古已有之。只是这花儿朵朵抱成团团圆圆的花球，如雪球一般洁白，却只会开花不会结果。1847年，英国人福琼（Fortune）在上海凤凰山园林中首次采集到了栽培的木绣球，并把它作为一个荚蒾属的独立物种*Viburnum macrocephalum* Fort.发表。此后，英国人在江苏、浙江等南方数省陆续采集到野生的琼花，他们发现琼花和绣球荚蒾其实是一个物种。不过，绣球荚蒾这个古老的园艺品种，因为更早发表而成为物种的学名，原种的琼花只好成为一个种下变型。

从物种上来说，琼花和木绣球是一种植物。只不过，和一团雪白、花似绣球的木绣球不同，琼花的聚伞花序仅周围一圈具有大型的不孕花，中间是无数小小的可孕花。琼花亦作“琼华”，琼者美玉也。琼花是扬州的市花，是我国的古老植物。据说，汉时扬州有琼花，姿色天下无双，于是在琼花旁建有琼花观。北宋时任扬州太守的欧阳修曾在琼花旁建“无双亭”，以示此花天下无双。韩琦路过扬州时，也曾作诗《后土祠琼花诗》：“惟扬一株花，四海无同类。”

元代张可久散曲《沉醉东风·琼花》：“蝶粉霜匀玉蕊，鹅黄雪点冰肌。衣冠后土祠，璎珞神仙珮，倚阑人且赏芳菲，炀帝骄奢自丧了国，休对我花前叹息。”据说，荒淫无道的隋炀帝为了到扬州赏琼花而下令开凿了大运河，最后成了亡国之君。只是这让隋炀帝杨广亡了天下的“扬州琼花”和今天的扬州市花是不是同一种植物，欧阳修与韩琦诗中所写的琼花是不是还存于世间，直到今天依然众说纷纭。

今天，植物学意义上的琼花，便是如今扬州的市花，是忍冬科荚蒾属的一种灌木植物。也许正是因为它的花姿优雅，于是人们在

编写植物志时，便用古人典籍中的“琼花”命名这种中国原生的荚蒾属植物。

此花开尽，春已规圆，比琼花更为花团锦簇的是木绣球。虽然不能结果，但人们通过扦插、压条、分株等方法，使木绣球一代代地繁殖，开遍南方各地。又是一年春光明媚，又是一年一树花开。四月春光里的新华大道，风姿绰约的木绣球在街心盛放。明代谢榛《绣球花》诗曰：“高枝带雨压雕栏，一蒂千花白玉团。”短短几天，木绣球便占尽春色，收获了无数痴恋的目光。而平常不过的文武路与德盛路，这几周注定会因为木绣球的盛放而引人驻足。

# 紫藤





紫藤是一种优美的植物，许多人都会沉醉在紫藤花沁人心脾的芬芳中，沉醉在如云似瀑的紫色梦幻的花雾下。《诗经·郑风·野有蔓草》中说：

野有蔓草，零露漙兮。
有美一人，清扬婉兮。
邂逅相遇，适我愿兮。

如果用这首诗描绘紫藤，竟也如此妥帖。阳春三月紫藤花开，一架紫藤缠挂在大树上，梦幻的紫色摇曳生姿，给人以各种浪漫的遐想。叶丛之中，小鸟婉转欢唱，醉人的芬芳让人们留恋不已。诗仙李白就是在春日的醉意朦胧中，在一树紫雾迷离的藤萝下，挥毫写下《紫藤树》：

紫藤挂云木，花蔓宜阳春。
密叶隐歌鸟，香风留美人。

紫藤是豆科紫藤属的落叶藤本。据记载，全世界紫藤属植物大约有10种，主要分布于东亚、北美和大洋洲。我国有5种，它们在民间通常被统称为“紫藤”或“藤萝”。在我国栽培的紫藤属植物中，最为常见的就是紫藤。紫藤原产我国，据考证，原生种分布在黄河以北地区，是优良的庭院观赏的藤本植物。紫藤枝干粗壮，花姿优雅，因此我国自古将之作为庭院棚架植物进行栽培，南北均可栽植。苏州拙政园栽植有一株古老的紫藤，树龄已达400年以上，至今仍枝叶繁茂。

紫藤是一种优雅的“左撇子”藤本植物，大约在阳春三月时开始萌芽。紫藤的叶是奇数的羽状复叶，三月叶开始萌生后，生长非常迅速，不到一个月整个藤架就一片苍翠。和爬山虎不同，紫藤没有特殊的攀缘器官，只能依靠植株本身的主茎缠绕在其他植物或物体上生长，这种茎称为缠绕茎。通常，紫藤缠绕主茎是左旋向缠绕、向上生长。宋代《花经》记载：“紫藤缘木而上，条蔓纤结，与树连理，瞻彼屈曲蜿蜒之伏，有若蛟龙出没于波涛间。”

三月末四月初，成都各处的紫藤进入了盛花期。紫藤的花是下垂的总状花序，一串串紫色的蝶形花从碧绿的羽状复叶中垂下，迎风摇曳，气味芳香。除了蓝色花，紫藤还有一个变型种是白花紫藤，花

白色，极为美丽。曾有一墙白花紫藤从望江楼公园内爬到红色的围墙外，极为惊艳。后来不知何故，再也不见它的身影。

无论是白花紫藤还是紫藤，在盛花期时，串串繁花，满院芬芳。能够在春光下躺在开满紫藤花的庭院中，可能是许多人的梦想吧。陆游《自上灶过陶山》诗云：

宿雨初收见夕阳，纵横流水入陂塘。
蚕家忌客门门闭，茶户供官处处忙。
绿树村边停醉帽，紫藤架底倚胡床。
不因萧散遗尘事，那觉人间白日长。

除了观赏，紫藤花还可食用。沈括在《梦溪笔谈》中说：“黄环，即今之朱藤也，天下皆有。叶如槐，其花穗悬，紫色，如葛花。可作菜食，火不熟亦有小毒。京师人家园圃中作大架种之，谓之紫藤花者是也。”紫藤花吃法多种多样，最简单的是将花苞洗净旺火炒后装盘。另外紫藤糕、紫藤鲜花饼都是时令的美味，入口都是春天的滋味。

# 七里香与七姊妹

## 七里香

四月初，木香花密密叠叠地出现在成都的大街小巷和院落。庭院之中的藤架和木香花总是绝配，一方院落一架木香，香甜怡人的气息让人神清气爽。明代袁宏道《四弟旃檀馆即事》诗曰："莲叶漏中兵研汁，木香花底读方书。"

林荫街在成都南北主干道人民南路和科华路之间，长不过千米，四川大学华西校区和成都七中都在这条街上。四月初，在四川大学华西校区的木香花长廊上，乳白色的木香小花聚成一簇，组成一个伞形的花球。远远望去，长廊顶上层层似雪，淡雅含蓄中又有花开的热烈奔放。成都七中老教学楼前，藤架上的木香花正在铺天盖地地开放，校园里到处都是木香花香甜的气息。

这个季节，木香花就在成都的大街小巷绽放，墙角清幽处琼瑶一片，日暖风和中一城花香。木香花是蔷薇科蔷薇属植物，原产于中国西南部。和许多多刺的蔷薇不同，蔷薇属的木香花的枝条没有太多的刺。它们虽然擅长攀爬，但和许多藤本植物不同，它们没有吸盘和卷须，不会吸附也不会缠绕。它们用自己长长枝条上不多的皮刺钩住攀缘的对象，或是树木或是岩石或是藤架，倚靠着它们，努力地向四处攀爬。

这种气味芬芳的蔷薇科攀缘植物，成都人更习惯称它们为“七里香”。这个直白的名字听上去，更觉香气四溢。今天，我们在成都周边还能发现野生的木香花在石壁和林木间攀缘开放的身影。野外的木香花大多没有城市里栽培的那么繁复，多是单瓣。没有了藤架和长廊的约束，它们总是更加地耐不住寂寞。一到春天，它们会从老枝处发出许多纤细柔软的新枝条，沿着沟渠石壁和林木四下里攀缘而上，最后如雪铺地般绽放。

木香花的花期不长，随着气温一天天升高，成都进入暮春时节，香遍全城的木香花便纷纷凋零，曾经层层似雪的廊架之上已是满满的绿意。

## 七姊妹

五月，春光已老，夏日将至。这时满城木香花已经零落，而另一种粉红色的蔷薇又开始开遍成都的院落围栏。南宋赵孟坚《客中思家》诗曰：“微风过处有清香，知是荼蘼隔短墙。”成都城南剑南大道，街边一处小区外数百米围栏上，摇曳生姿的多花蔷薇再一次满墙花开。

剑南大道是连接成都城南核心区的一条主干道，道路和城区都很新，“剑南”这个名字却历史悠久。627年（唐太宗贞观元年），唐太宗李世民改益州为剑南道，治所设在成都府。剑南意为剑门关以南，此后剑南成为成都府的别名。陆游《成都书事》中写道：

剑南山水尽清晖，濯锦江边天下稀。

烟柳不遮楼角断，风花时傍马头飞。

多花蔷薇是风靡世界的园艺植物，尽管持续不断的杂交改良使它们有了极为多变的花色和性状，但在它们极为复杂的身世中，仍然有着产自中国西南的蔷薇花古老栽培品种“七姊妹”的重要基因。不知道陆游在成都策马飞驰的时候，相伴着马头纷飞的花朵中有没有蔷薇？来自剑南山水间的“七姊妹”有着极为悠久的栽培历史，直到今天，这种古老的蔷薇花还是成都人极为熟悉的植物。在蔷薇花开的时节，它们总是花团锦簇、无穷无尽。

后来，和月季、玫瑰等诸多传统栽培品种一样，“七姊妹”蔷薇从中国西南老家漂洋过海来到了西方的庭院，最终走出了剑南一方之地，征服了全世界的花园。今天，无论叫它们“七姊妹”“十姊妹”还是“多花蔷薇”，都道出了它们花量极多的特点。无须太多的精心照料，它们开放的时候总是热热闹闹沿着墙角围栏攀爬。每一株蔷薇都可以开出上百朵花，有着从浅粉色到深粉色重瓣的花朵。这些小花常常7～10朵簇生在一起，花团锦簇，明亮艳丽。

在这样的一丛蔷薇花前，很多人会从内心生出许多浪漫的情愫。蔷薇花又称墙蘼，明代李时珍《本草纲目》说：“此草蔓柔靡，依墙援而生，故名墙蘼。”盛开的一架蔷薇繁花如锦，如同明媚娇艳的女子让人倾慕。据元代无名氏的《贾氏说林》记载，汉武帝与妃子丽娟看花，而蔷薇始开，态若含笑。汉武帝叹曰：“此花绝胜佳人笑也。”丽娟戏曰：“笑可买乎？”汉武帝曰：“可。”丽娟遂命侍者取黄金百斤，作为买笑钱。于是，后世又将这倚墙而开的蔷薇称为“买笑花”。

能用黄金买到的君王宠爱，永远不会是真正的爱情。聪明如丽娟，心中一定明白，爱情对于她而言，永远是一场美丽而不可实现的梦。如同这宫中倚墙而开的蔷薇，虽然一度锦绣花开，但很快便会再度凋谢。

“在天愿作比翼鸟，在地愿为连理枝。”也许，有着“羞花”之容的杨玉环，那个当年从剑南道蜀地一路北上走向大唐长安的少女，也曾期望能拥有永不凋零的真挚爱情。755年（唐玄宗天宝十四年）夏天，这位大唐贵妃再次踏上了南归剑南成都府的道路。马嵬驿前，曾经扶墙而开、花团锦簇、明亮艳丽的蔷薇花早已调零，面对突至的乱兵和千夫所指，她并不认为自己是那个点燃大唐帝国风烟的人。然而，在君王所赐的三尺白绫下，那最后的一抹绝世芳华终究还是花落云散了。

# 暮春风华

清明之后，短短几天，气温骤升，成都街头春花尽落，还没有看够桃红李白樱花绚烂，万紫千红的春光就随着流水漂走了。一夜风雨，小区庭院里构树雄花落了一地，一棵果实累累的樱桃树开始吸引人们，街头的刺桐花依然还在火红盛放，春天却已渐行渐远。流光容易把人抛，红了樱桃，绿了芭蕉。一节气的轮回像时间留下的脚印，春姑娘的离去并没有任何莺啼春去的愁怨，夏天已迈着梦幻的脚步悄悄登场。

# 槐花





双槐树街是一条东西向的小街。据说，在清代时街北口有两株参天的古槐，街道因此而得名。今天，双槐树街两株参天的古槐早已不见踪迹，只留下了街名。双槐树街位于水井坊社区，据说这里曾一有口水井，水质清澈甘甜，用此井水可以酿制好酒。古老的水井酒坊也一度消失，直至20世纪90年代后期的一次发掘，遗址方重现人间。

让双槐树街得名的槐树也称国槐，是原产我国的乡土树种。槐树自古便被广泛栽培，成为人们最为熟悉的乔木。汉朝的宫廷喜栽槐树，槐树因此被称为“官槐”，几乎每一级官署和学校门前院落都有栽种。所以，人们称官府为“槐衙”，称读书人聚集的会市为“槐市”。槐树在夏季开花，此时正是学子们用功之时，“槐花黄，举子忙”。所以古代的读书人特别喜欢槐树，希望自己将来可以通过科举从而飞黄腾达，后来便以槐树指代科举，考试年头称“槐秋”，考试月份称“槐黄”，举子赴考称“踏槐”。

槐树树冠优美，花亦芬芳，树龄可达千年。特别是在深宅大院间的古槐，冠大如盖，树姿秀美挺拔，在夏日可以遮蔽庭院，为人们带来阴凉。古人认为它能够保佑自己的子孙后代，使子嗣绵延，所以对老槐树总是礼赞有加。老成都以“槐”命名的街道有6条之多，除了双槐树街还有槐树街、三槐树街、干槐树街、槐树店路和国槐街，这

些街道名称均源自于国槐。

然而，在今天成都城区的街道上，老槐树已踪迹难觅。双槐树街已没有了国槐，取而代之的是一排排的洋槐树。距此不远处的水井坊遗址博物馆大门前，一棵高大招展的洋槐挂满了串串白色的槐花。许多人误以为这洋槐便是槐树，双槐树街也是因这些洋槐树而得名。

在今天，成都街道间虽然常见国槐，却没有了参天古槐，栽植最多的行道树是洋槐。许多成都人已把这春日开花的洋槐当作槐树，两者初看上去比较相似，都有着奇数羽状复叶与白色的花朵。但洋槐并非槐，这“洋”字表明了它的身份。洋槐原产美国东部，它不是槐属而是刺槐属的高大乔木。在《中国植物志》里，它的名字叫刺槐，得名于它的复叶基部常有一对托叶刺。

从花朵上看，刺槐的花是腋生，槐树的花是顶生，刺槐花要大于槐花，槐花形如米粒，色白至微黄，古人入药称为“槐米”。从树叶上看，刺槐的小叶先端是圆的，槐的小叶是尖的。从果实上看，刺槐的荚果是扁平的长圆形，槐的荚果一节一节呈念珠状。

洋槐是清末从欧洲和日本等地引入我国，因为适应力强，很快就在南北各地广泛栽植。成都气候温润，对洋槐来说更是得天独厚。相比乡土植物槐树，速生的洋槐反而成为成都最为常见的行道树种。

四月初，成都满城洋槐花开，串串洁白的槐花挂满枝头，整个城市都弥漫着洋槐花的香甜。

在洋槐花开的季节里，望着串串洁白的槐花，真是一种美的享受。轻嗅着空气中洋槐花素雅清甜的芬芳，我总会不争气地想，吃槐花的季节终于到来了。在这个时候，成都周边集市里偶有新鲜的洋槐花出现，总是会受到最热烈的追捧。槐花的吃法多种多样，摘取含苞

待放的花骨朵，生吃、干蒸、做饺子馅、槐花饼、槐花麦饭、槐花炒鸡蛋……对于成都人来说，也许只有想不到没有做不到。

不过，吃槐花的时节十分短暂，或是数日艳阳槐花盛放“不堪一吃”，或是不经意间一场春雨过后，槐花又纷纷“零落成泥碾作尘”。“厌伴老儒烹瓠叶，强随举子踏槐花。”苏东坡笔下所写的却是国槐的花，相比洋槐的香甜，国槐的花味苦，味道实在不佳。

成都满城洋槐花开的时候，四川大学望江校区内，便能看到花姿美丽的香花槐在绽放。一串串粉红色的花朵垂挂满枝，芬芳怡人。这种美丽的观花树原产西班牙，花的形态和刺槐非常接近，是刺槐的园艺杂交种，被认为是由刺槐和粘毛刺槐这两种刺槐属植物种间杂交而成。作为杂交的园林品种，香花槐花期过后结不了豆荚，没有可育的种子，只能通过扦插组培的方式进行繁殖。香花槐的花朵大、花量多，花期长达一个月以上，每年可以两次开花。它们有着强大的适应能力，在南北各地栽植皆宜，于是逐渐成为新的城市观花树种。也许，不久的将来，在成都其他以槐为名的街道上，也能发现它们优雅瑰丽的一串串花序在春光之中摇曳生姿。

香花槐

# 香樟

四月底，暮春时节，樟树开出了细碎的小花。因为这种高大的树木全树上下都会散发出樟脑香气，于是被人们习惯性地称为香樟。香樟树是我们最为熟悉的树木之一，不少的成都人都曾在香樟树健壮高大的身姿和浓密的树荫的庇护下成长，于是对香樟便多了一份感情。

一环路磨子桥，四川大学望江校区的北大门，明媚的阳光透过仿古牌楼的缝隙，映射在门前香樟树遒劲枝干间如绿云密布的叶面，一层层嫩绿的香樟树叶，一条条清晰的离基三出的叶脉，都闪着明亮的光。这时人们才惊讶地发现，香樟树的枝叶之间已经开满了细碎的小花。它们如此不显眼，以至于在春光之中，近在眼前的满枝满树的淡绿色小花，没有引起任何人的注意。

《诗经·陈风·衡门》曰：“衡门之下，可以栖迟。”透过香樟树的枝叶和细碎的花朵，可以看到四川大学高大的中式仿古牌坊的暗青色瓦檐钩心斗角，檐牙高啄，红色立柱笔挺，坊额上“四川大学”几个大字古朴雄浑。四月末的阳光下，春风拂面，香樟树淡绿的小花摇动招展，散发出清幽的樟脑香气。透过枝叶之间的迷离光影，你会发现香樟树掩映下的校门，竟然是如此之美。

成都自古城中便广种樟木，香樟也是西南最为常见的树种。旅居成都的杜甫曾作诗《赠蜀僧闾丘师兄》：“吾祖诗冠古，同年蒙主恩。豫章夹日月，岁久空深根。”闾丘均是成都人，是与杜甫先祖杜审言齐名的文章大家。杜甫诗中言及自家家世，与闾丘均为同年进士的家祖杜审言来自名门望族，杜家如高大的豫章树一般遮天蔽日，不无自夸。

杜甫诗中的豫章，便是樟树。汉初在南方设豫章郡，辖境大致在今江西南昌一带。“豫”意为高大，“章”通“樟”，豫章也是古代神话传说中的异木，高千丈围百尺，斫之可占九州吉凶。豫章这个地名便由此树而来，汉代时，此地樟木森森，古木参天。再后来，人们便用豫章代指高大的香樟树。

樟是中国南方的常绿高大乔木，树姿高大挺拔，可达30多米。很早以前，古人就用樟木建造宫殿，木材为帝王专用独享。据古书记载，汉武帝为平定西南，在上林苑开挖昆明池，用樟木建造豫章大船，可载万人，并在昆明池边建造豫章宫。在新落成不久的豫章宫，汉武帝会见了从蜀地而来的司马相如，司马相如向汉武帝献上了一篇气势如虹的《上林赋》。这是司马相如第二次从蜀地北上长安。在他离开成都时，经过成都北门的升仙桥，他在桥柱上题字“不乘高车驷马，不过汝下”。后来司马相如官授中郎将，乘驷马高车荣归故里。升仙桥从此改称驷马桥，这一地名一直保留至今。

“豫章女贞，长千仞，大连抱，……被山缘谷，循阪下隰，视之无端，究之无穷。”司马相如献上的《上林赋》，描绘了高大的女贞与香樟生长在上林苑中林木森森的山间谷地，放眼没有边际，细看难以穷尽。

不过上林苑这样的风光在今天难以再继。香樟高大挺直、材质细密，加之气味芬芳可防虫蛀，所以总是难逃人们的刀砍斧斫。一代代砍伐下来，曾经在中国南方山野密布的高大樟木，千年以后渐趋稀有。在今天，野生的香樟树已成为国家二级保护植物。

如果没有人为的破坏，在环境适宜的条件下，香樟树龄可达千年。在漫长的生命历程中，古木见证和记录了这座城市的变迁和历史。有了它们的陪伴守护，我们才不会觉得孤单。只不过，当我们明白这一点的时候，失去的终究已逝去了。

# 银桦





银桦是一种需要仰望的树，以它30多米的挺拔身姿，必定不会出现在小街小巷，只能是在公园、校园和城市主干道。春末夏初，成都的银桦开花了。本来像这种树形高大、花姿奇特的树种，通常会引起人们的关注，但是，在银桦进入成都多年后的今天，绝大多数的成都人还是对这个外来物种视而不见。

成都的城市文化存在于寻常街巷之间，这是一种独属于市井的悠闲自在、安逸闲适，使街头的植物也都有了几分这种气质。哪怕是比银桦后来许久的蓝花楹，经过多年夜雨润物细无声的晕染，也一改南美式的奔放与热烈，开花时总会有一树青翠如云的枝叶，于是多了几分蜀地的婉约与轻灵。

而银桦是一种高大挺拔、热烈张扬的树。它一树乱蓬蓬的花序满布枝头，带着几许异域的奔放与奇谲，出现在城市主干道人民南路三段的街边大道上、四川大学的校园中、市中心的人民公园里。

银桦虽名中有“桦”，但和我国原生的各种桦木科植物没有一点关系。这种来自澳大利亚的山龙眼科的高大植物，进入我国的时间只有数十年。银桦的叶型也极为鲜明，线形互生的叶呈不对称的二回羽状深裂，叶背密生银灰色的绢毛，远看一片闪闪银亮，身材如桦木般笔挺修长，故得名银桦。

银桦树的花极为奇特，在盛花时满树繁花、金黄耀眼。一朵朵小花聚在一起构成了一个毛刷子一样的花序，一个个雌蕊柱长长地伸出，先端弯曲，就像一团乱糟糟毫无美感的塑料线。银桦的花富含花蜜，花期时会吸引众多的昆虫和食蜜鸟类前来“一饱口福”。也许是感觉银桦和成都市井角落间的温润如玉格格不入，哪怕它占据和遮蔽了成都南北中轴线上的主干道，我们还是对它视而不见。

银桦被认为是南方最好的遮阴树之一，也是速生优良的绿化树种。尽管成都人对银桦并没有太多的赞美之词，但多年来，我们还是习惯了这种高大的树木默默无闻、尽职尽责地守护在我们城市的主干道上，用四季常青的枝干树叶为我们遮阴蔽日。

作为一种守护成都主干道多年的乔木，四季常青的银桦也有自己不为人知的“隐痛”。在成都安家多年，银桦仍然没有真正适应成都潮湿多雨的环境。银桦每年都能够正常地开花，但不能正常地结果。银桦更喜爱光照强的干热环境，在川西南干热河谷城市西昌，它的长势更好、数量更多，开花后可以正常结果。

# 楝花

合江亭前，有一棵苦楝古树。清明刚过，苦楝花开，一树芬芳引人流连。楝花开了，成都短暂而美好的春光就要结束了。

合江亭是成都一个古老的地名，位于成都市府河与南河交汇处的滨江东路，两江流水汇聚于此，至此而下称为锦江。合江亭始建于1000多年前的唐代，驶往东吴的万里船就是从这里起航。南宋时成都知府范成大在此写下《谭德称、杨商卿父子送余，自成都合江亭相从》一诗："合江亭前送我来，合江县里别我去。"1989年，成都市重建合江亭。古往今来，合江亭前，上演过多少悲喜？在锦江对岸，锦江音乐广场与合江亭遥相呼应。音乐广场旁边丝管路上，还有一株苦楝古树。随着春天的到来，苦楝开始枝繁叶茂，此时，楝花开得正好。

南宋何梦桂《再和昭德孙燕子韵》诗曰："处处社时茅屋雨，年年春后楝花风。"苦楝，谐音"苦恋"，这一对分处两岸的苦楝古树见证过无数离合悲欢。不知合江亭前苦苦相恋终成眷属的红男绿女，是否闻到过它的芬芳？

沿府河溯江而上，有一条武成大街，得名于武成门。这里过去曾有游击、都司衙门负责守备城池，可以想象当年的护卫兵将们进出于此的热闹景象。今天，守备城池的都司衙门早已消失在历史的长河中，武成大街也成为一条平常不过的街道。武成门桥桥头有一株枝干虬曲、蜿蜒而上的苦楝古树，默默地守卫在桥边。一江春水未曾阻隔时光，它也能够感受到这座城市的变迁吧。

暮春时节，楝花又开的时候，常有去年宿存的楝果挂在枝头，花果同枝好不热闹。成熟的楝果呈金黄色，也被称为“金铃子”。楝果的果核骨质，质地坚硬、外形多棱。将果核收集处理、稍加打磨，打孔后串起来就可以做一个精美的手串。

传说中，苦楝的果实是凤凰的食物，凤凰非楝实不食。《庄子·秋水》里说，凤凰“非梧桐不止，非练实不食，非醴泉不饮”。这“练实”便是楝树果实。从冬日直到早春，楝树光光的枝头总是挂满了楝果，灰椋鸟、灰喜鹊、白头鹎等鸟类都以楝果为食。白头鹎通常会将果实衔到空旷的地方享用，来年在这些地方就会出现楝树的幼苗。还有一些鸟类囫囵吞枣地将整颗楝实吞下，楝果是一种肉质核果，种子受到坚硬果核的保护，经过鸟类消化道，随着粪便排出体外后，大多仍能保持完整的种子结构。于是，楝树通过鸟类传播它们的种子。

楝花的花序是腋生的圆锥花序，有很多分支。每朵楝花都有一个显著的特点，那就是居于中间的花丝会合生成紫色圆柱形的雄蕊管，管顶有10～12个齿状裂，裂齿间着生10～12枚花药。当楝树开花时，满树淡紫色花朵从叶腋处发出，一蓓数朵，芳香满庭，香气会飘到很远的地方。

楝花花香怡人，古人用它制作熏香。苏东坡曾

在杂记《香说》中记载："温成皇后阁中香，用松子膜、荔枝皮、苦练花之类，沉、檀、龙、麝皆不用。"宋仁宗以谦恭节俭著称，于是张贵妃每日燃焚用松子膜、荔枝皮、苦楝花这些寻常易得之物制成的香料，而对在士大夫和贵族圈子中流行的沉香、檀香、龙涎、麝香这类名贵的香料一概不用。张贵妃此举甚合仁宗心意，生前尽得天子宠爱，死后更被追谥为皇后。

楝花开后，楝树叶加快生长、更加繁茂，到了夏天，形成浓密的树冠层。楝树的叶极易辨识，每一片树叶由许许多多的小叶组成，小叶又由叶轴分枝2～3回，在叶轴的两侧排列成羽毛状。小叶两两对生，有一顶生小叶，小叶的数目为单数。楝树的这种叶被称为2～3回奇数羽状复叶。

传说中忠义正直的神兽"獬豸"就喜欢吃楝树的叶子。在民间，夏季如果被蚊虫叮咬，人们常常摘几片楝树树叶，揉成汁液涂抹，即可止痒、消炎。在南方，端午祭祀屈原时，因为祭祀的粽子常被蛟龙鱼虾偷吃，所以用楝树叶包粽子投入江中。南朝宗懔《荆楚岁时记》记载："蛟龙畏楝，故端午以叶包粽，投江中祭屈原。"古人用这种方式来寄托对屈原的怀念之情。端午节时，宋朝人还有以"楝叶插头，五采系臂，谓为长命缕"的风俗。

楝树的名字来源于古人对它的利用。成书较早的古代博物学著作《尔雅翼》记载："楝叶可以练物，故谓之楝。"楝叶是如何练物呢？成书于战国的《周礼·冬官·考工记》记载了用楝叶练丝和练帛的过程："𫐄氏湅丝，以涚水沤其丝七日，去地尺暴之。昼暴诸日，夜宿诸井。七日七夜，是谓水湅。湅帛，以栏为灰，渥淳其帛，实诸泽器，淫之以蜃，清其灰而盝之，而挥之，而沃之，而盝之，而涂之，而宿之。明日，沃而盝之，昼暴诸日，夜宿诸井。七日七夜，是谓水湅。"书中记载，烧苦楝木为灰水，把帛浸于其中，放在光滑的容器

里，涂上蛤灰，用水澄去灰渣，拧去水分晒干，抖去细灰，再用楝灰水浸，又涂蛤灰，放入光滑的容器里，第二天又浸楝灰水，晒干。白天在阳光下暴晒，晚上浸入井中，如此经过七日七夜。这种方法叫作水楝。利用楝木制成的碱性药剂，除去了丝帛上的丝胶和杂质，通过暴晒，利用日光紫外线对生丝或坯绸进行漂白。于是，经过练制的丝帛就更加白净，具有柔软的质感。

楝树在我国分布很广，这种树木在湿润的沃土中生长迅速，在村边路旁种植更为适宜。自古江南民居便流行“前樟后楝”，宅前种樟，宅后植楝。江南处处植楝，于是楝花风成为江南的一道独特风景。北宋王安石有诗《钟山晚步》云：

> 小雨轻风落楝花，细红如雪点平沙。
> 槿篱竹屋江村路，时见宜城卖酒家。

暮春时节，一夜风雨，楝花零落。独步于铺满楝花的丝管路，望着对岸的合江亭，不由感叹时光如流水。转眼之间楝叶在枝间已青翠茂密，一树楝花随细雨斜风飘落而去，有几分“无可奈何花落去”的伤感。楝花短暂地盛开于春花尽落的暮春，所以古人将其称为“楝花风”。清代陈淏子《花镜》说：“江南有二十四番花信风，梅花为首，楝花为终。”今年成都的春光，无疑走得比往年早了许多，如果要找一个最合适的地方为成都的春天送别，从望江路到武成门，“楝花风”就在这里。

# 鸢尾花

## 鸢尾家族

春天一直到初夏，是成都鸢尾花开的季节，各种各样的鸢尾花为这个城市带来了彩虹一样的梦幻色彩。成都市内栽植鸢尾的地方很多，而欣赏鸢尾花最佳的地方，我总觉得是城南的锦城湖畔。在这里，可以静静地观赏一个完整的鸢尾花季。

鸢尾的名字来源于它的花瓣，古人觉得这一类植物的花瓣像鸢的尾羽，“鸢飞于天，鱼跃九渊”。又因鸢尾的叶片层层叠叠，正面望去如同一面蒲扇，所以古时候，人们又把它称为“乌扇”“鬼扇”。

鸢尾属植物是一个庞大的家族，花形变化万千，花色极为丰富。全世界的鸢尾有300多种，我国有60多种。在成都周边川西高山草甸和森林湖泊之间，分布了多种我国特有的原生鸢尾种类。

在古希腊神话里，彩虹女神Iris是联系众神与凡间的使者。鸢尾的花色极为丰富，在爱琴海阳光的映照下，如同披上了五彩斑斓的外衣。于是古希腊人将“彩虹女神”的名字赋予鸢尾花，寄托着他们对这类奇幻美丽的植物的喜爱之情。

鸢尾属植物拥有6枚花瓣（花被片），下部合生在一起。花瓣分为两轮，外轮的3枚花瓣较大，会奇妙地反折起来，被称为“垂瓣”。一些种类的外轮花被片内侧会有鸡冠状的突起或者流苏一样的髯毛，还有一些种类的外轮花被片内侧有各种各样的美丽斑纹。

从近代开始，园艺学家不断从世界各地收集鸢尾属植物，并进行杂交育种，培育出了无数的品种。从此，鸢尾从溪流、沼泽、山野间走出，开始装扮人们的花园。如果城市春日的公园水景中、溪流湖畔之间，没有了它们美妙多姿的彩虹身影，一切会变得多么枯燥和单调。





## 黄菖蒲

在成都，最早开放的鸢尾花当属黄菖蒲。早春时节的水面上，就会出现它们金色的身影。鸢尾科许多植物的叶型和天南星科湿生植物菖蒲有些相似，所以它们的名字里常有“菖蒲”二字。黄菖蒲植株高大，叶似长剑，是鸢尾家族成员，和天南星科的菖蒲没有任何关系。这是一种原产欧洲中南部和北非的鸢尾，在春天会开出金黄色的花朵，非常喜欢水生的环境。

今天，植株高大的黄菖蒲已经成为一种优良的园林水景植物，在全世界各地的水景中几乎都可以找到它美丽的身影。在中国南方，它们被成片地群植在水边，开放时，如一只只水边的黄蝴蝶翩翩欲飞。

相传，很早以前，在法兰克人生活的佛兰德斯地区利斯河沿岸就曾经自然生长着无数的黄菖蒲。法国第一任国王克洛维一世加冕时，收到了上帝送来的礼物——一朵金色的鸢尾花。后来，法国人便将鸢尾纹章作为法国的标志，象征着法兰西民族所崇尚的光明、自由和纯洁。

锦城湖畔，夕阳下，一只野鸭从高大的黄菖蒲花丛中扑棱棱地飞起。在夕阳余晖中，一片金色花朵在晚风中摇摆，辉煌华丽，光彩夺

目，于是不难理解浪漫的法国人为什么选择金色的鸢尾花作为国家和皇室的标志。

## 白蝴蝶花

暮春时节的成都，蝴蝶花应该是路边最常见的鸢尾属植物了。蝴蝶花因其盛开时，花朵犹如纷飞的蝴蝶，所以有了这个名字。叫蝴蝶花的植物太多了，所以如果只说蝴蝶花，人们会想到完全不同的植物，比如如彩蝶翩翩起舞的三色堇、像白蝴蝶在枝头飞舞的蝴蝶戏珠花等。成都人习惯性地称鸢尾属蝴蝶花为扁竹或扁竹根。

与来自北非和欧洲的黄菖蒲不同，蝴蝶花是分布于中国南方的乡土植物。在成都周边的山野中，野生的蝴蝶花也有广泛的分布。很早以前中国就广泛栽培蝴蝶花，人们常将它们栽培在道旁路边和园林之中。清代陈淏子在《花镜》中记载："蝴蝶花类射干，一名乌霎。叶如蒲而短阔，其花六出，俨若蝶状。"

蝴蝶花有很长的地下根茎，有如菖蒲一般宽而短阔的常绿的叶。和一些湿生鸢尾不同，它们更适应旱生的环境。蝴蝶花的颜色通常比较素雅，有白色和淡蓝色。它们的花朵外轮花被片的中央有黄色的斑块，同时旗瓣上有流苏状的髯毛。成都栽植的是蝴蝶花的一个栽培变型——白蝴蝶花。

暮春时节，白蝴蝶花成片开放。耐旱喜阴的习性，使它们的身影出现在成都的大街小巷和小区园林中。蝴蝶花开的时候，也是各种蝴蝶在花丛中翩翩起舞的季节，于是在一片蝴蝶花丛中，蝶舞花影间分不清谁是花谁是蝶。清朝乾隆皇帝也喜爱蝴蝶花，曾在《蝴蝶花图》上题诗：

化生植长亦何奇，立字安名偶一时。
栩栩试看虫与卉，谁宾谁主定谁知。

## 路易斯安那鸢尾

五月，成都进入初夏，锦城湖畔再次迎来了路易斯安那鸢尾的七色彩虹。路易斯安那鸢尾出现在我们的城市，也仅仅数年的时间。这种鸢尾有着极为丰富的花色，令人目眩神迷。

路易斯安那鸢尾的色彩如此之多，几乎包括所有你能够想到的颜色。从它的名字，我们能够猜到它的产地。这种踏着七色祥云降临成都的鸢尾花来自遥远的北美大陆，它的祖先生活在路易斯安那州一带的密西西比河流域。路易斯安那州一带曾经是法属殖民地，而鸢尾花一直是法国的象征，直到今天，路易斯安那州的最大城市新奥尔良市的市花仍是鸢尾花。

密西西比河流域沼泽众多、河流纵横，路易斯安那鸢尾的多个原生种群就生活在这里。它们带翅的种子能够随着水流扩散，这些鸢尾的自然种群通过杂交产生了丰富的花色变异。今天色彩如此丰富的路易斯安那鸢尾不是从某一个物种起源和发展而来，而是从密西西比河流域5个不同的鸢尾属物种中，经过人类不断的杂交筛选和改良而来。

尽管色彩变化万千，但路易斯安那鸢尾的内轮花被片上都具有非常明显的黄色花斑，植株也非常高大。由于这一类鸢尾能够在除南极以外的各个大陆的温带地区生长，所以在水体造景中受到了人们的喜爱。它们用自己如同彩虹女神一样的“美貌”征服了全世界，难怪人们会说：世上再无其他鸢尾能与路易斯安那鸢尾相媲美。

# 山合欢、合欢与萱草





步云巷是一条近几年才出现的靠近中环路锦江河边的小街，不但许多人从未听说过这个街名，甚至在地图上都很难找到。这里有一座彩虹步行桥横跨锦江两岸，连接着高新区和锦江区，两岸多建高档住宅小区。南宋杨万里《春雨呈袁起岩》诗云："顾我江湖钓竿客，识君台阁步云人。"街名取得倒也别致。

步云巷的一边临锦江，另一边多是近年来新建的住宅小区。在步云巷靠近中环路的尽头有横跨锦江的公路和高铁大桥，在这里还可以看到锦江对面的沙河河口。沙河在此汇入锦江，两水交汇处波澜不

惊，江水依旧静静地向南流淌。

锦江边的绿道植物十分多样，在春夏交替的季节，给人印象最深的是沿河绿地栽植的山槐。四月末五月初，山槐花开始盛放，一朵朵淡黄色的圆锥状的绒簇般的花球满布枝头。山槐也叫山合欢，是豆科合欢属的植物。山槐得名于它的羽状复叶叶型似槐叶，且多见于山野溪涧之间。它是四川山野的乡土树种，如今也是成都常见的观赏行道树之一。

清代纳兰性德《生查子·惆怅彩云飞》一词云："不见合欢花，空倚相思树。"在四川，本地人常称山槐为"合欢花"。和成都街头随处可见的山合欢不同，在成都合欢花并不常见，以至于这种街头行道树的园林挂牌都常将山合欢误作合欢。

在成都，山合欢的花期过后，才是合欢的花期。尽管合欢树相较同属的山合欢要少一些，初夏的时候，我们还是能在成都浣花溪公园的大门口，发现合欢树一朵朵粉红色绒球花在枝头的曼妙身影。相比于山合欢淡黄色绒簇般的花球，合欢花的绒球花是粉红色，显得更加粉嫩可爱。

合欢是高大的落叶乔木，树冠开展，枝叶婆娑，极为美观。这种美丽的豆科乔木在我国分布很广，从东北至华南、西南都能见到它招展的树影和枝头粉红绒球的花朵。合欢也是常见的观赏行道树，自古以来就为人们所熟悉。无论是合欢还是山合欢，羽状似槐的树叶具有昼开夜合的功能，所以，合欢花常被称为夜合花，而山合欢又被称为白夜合。清代李渔《闲情偶寄·种植部·木本》说："此树朝开暮合，每至昏黄，枝叶互相交结，是名合欢。"合欢之名正是来自于它们树叶的夜晚闭合交结之状。

合欢一直是吉祥美好的象征，古人常在自己的宅院中栽植合欢树，树叶日出而开、日落而合，极富生活韵味。古时夫妻吵架又和好后，还会共饮合欢花沏的茶。旧时成都有一首民歌：

夜合树儿弯又弯，妹妹送哥做犁弯。
哥是锄头妹是铧，哥妹双双好耕田。

初夏时，常与合欢相伴的是一种小草。西晋嵇康《养生论》说："合欢蠲忿，萱草忘忧。"合欢花可以解郁安神，萱草可以宽胸忘忧。

清代李渔更是直言："合欢蠲忿，萱草忘忧，皆益人情性之物，无地不宜种之。"于是，古人远行，总是在庭院中的合欢树下栽植一片萱草。写下"慈母手中线，游子身上衣"的唐朝诗人孟郊，在另一首慈母诗《游子》中写道：

萱草生堂阶，游子行天涯。

慈母倚堂门，不见萱草花。

无论是萱草忘忧还是见萱思母，萱草在我国栽培历史悠久，有着各种各样的典故。据说女子佩戴萱草会生男孩，于是萱草又有了"宜男花"的别称。萱草属植物众多，令人印象最深的是一种美味"黄花菜"。这种萱草的花可鲜食，经过蒸、晒，加工成干菜即为金针菜。

今天，我们在街边和公园里见到的各种"萱草"，却已不是古人所说的"忘忧花"和"黄花菜"。今天园林中栽植的各类"萱草"来自于萱草属中各种萱草的园艺杂交，如今已经有数万的园艺品种。所以这些长得有几分和"黄花菜"相似的"萱草"，都可以称为"现代萱草"。它们主要用于园林观赏而不是食用，加之未熟时都含有能致人中毒的秋水仙素，所以初夏观花时，切记"手下留情"。

萱草园艺品种"金娃娃"

# 初夏浪漫

绚丽的三角梅点燃了成都初夏的热情，高大的蜀葵花开始盛放在街巷间不起眼的院落，蓝花楹醉人的蓝紫色再次梦幻般出现在一条条街道中。初夏的时光无比美好，气温日渐升高，然而每至夜晚，一场清清爽爽的锦城夜雨又会如期而至，到了清晨云开雾散。偶尔在朝霞落日之间，成都人还能够再一次重温『窗含西岭千秋雪』那种独属于这座城市的幸福。

夏日
导赏图
二
环
路
路
环
路
宽窄巷子
浣花溪公园
③
⑥
人民
武侯祠
⑨
①
环
二
一
二
环
②
N
①人民南路：银桦
②锦城湖畔：鸢尾
③浣花溪：合欢
④东郊记忆：三角梅
⑤东大街：蓝花楹
⑥宁夏街：鱼木
⑦河滨路：枫杨
⑧大慈寺：紫阳花
⑨南浦中路：女贞
⑩望江楼公园：梧桐（花）
⑪均隆街老茶馆：茉莉花（茶）
⑫二环路高架：爬山虎
⑬四川大学华西校区：荷塘
图中编号按照观花（叶或果实）
时间的先后顺序排列。

④
⑫
人民北路
一环路
二环路
文殊院
339电视塔
⑧
大慈寺
⑤
⑪
蜀都大道
合江亭
望江楼
⑩
⑬
⑦
沙河绿地
四川大学
路

# 三角梅



五月立夏日，建设南路的“东郊记忆”。两株奔放的三角梅爬上了充满历史年代感的建筑物，一株紫色，一株洋红，色彩绚烂分明。府河以东沙河之滨的建设路一带，几十年前称为“东郊”，有一条由众多央企大厂串联起的建设路。这里曾经是成都工业文明的代表，这里有着激情燃烧的岁月，走在这条路上的人，总有几分抬头挺胸的骄傲。

今天，这里已成为一个工业遗址，在这个遗址上诞生的“东郊记忆”，已成了一种符号、一种象征、一种文化元素。建设路依旧繁华，只是不再有厂房，曾经的机器轰鸣都已成为回忆。

两株三角梅恣意绽放，用无所顾忌的绚烂和随遇而安的坦然在东郊的记忆中穿越燃烧。花影流光之间，在慵懒的阳光下，搅动一杯咖啡，悠闲地看着人来人往。辉煌、热烈、喧嚣、落寞、努力、抗争、涅槃、重生……用生如夏花之绚烂形容三角梅，真是再合适不过。

三角梅有着各种各样酷炫的名字，叶子花、簕杜鹃、九重葛、宝巾花等，让人陌生的反而是它在《中国植物志》中的正名——光叶子花。这些名字大多和它的叶状的苞片有关。三角梅的炫目色彩也正是来自于叶状的、紫色或洋红色的苞片，每一个苞片都会生出一朵小花。通常三朵小小的花朵聚在一起，簇生于枝端。相比于苞片，它们真正的花朵却是低调而不显眼。三枚叶状苞片各占据一角，经久不落。

コナン
航海王

三角梅原产巴西，来自于紫茉莉科。这种来自南美的植物十分适应成都温暖湿润的气候，在这个城市扎根下来，很快便展现出自我的张扬与奔放。三角梅虽然耐阴，但是总的来讲它是喜光的植物，所以明亮与通风的环境会使三角梅的花开得更加鲜艳。光照越好时，花朵的颜色就会越鲜艳。

在成都，三角梅很少有不开花的时候，从冬到夏，四季常开。初夏的盛花期后，三角梅还会长期零散地开放。这个时候，三角梅进入营养生长期，植株开始大量生叶。加之光照、温度等各种因素，花的数量和色彩便远没有盛花期时的那种壮观和鲜艳了。

成都初夏的热情是被三角梅点燃的，每年五月初，短短几日间，三角梅开遍了城市的每一处角落。它们绽放出绚烂的色彩，热情地宣告着成都的夏季已经到来。

# 蓝花楹

五月，当蓝花楹的花香开始在城市街头弥漫时，成都初夏最美好的时光就来到了。

初夏时节，金融商业街上，一排排蓝花楹成片开放。如梦似幻的蓝紫色辉映在鳞次栉比的楼宇间，构成了一幅美丽的城市画卷。早在100多年前，东大街就是成都最为富庶的街区之一，更有“蜀中第一街”之誉。据记载，北宋时期世界上最早的纸币“交子”便诞生于此。今天，东大街仍然是这个城市创造财富价值最主要的地方。

植物王国里，很少有像蓝花楹一样的开花树，能够蓝得如此纯粹、蓝得让人痴迷，这就是一种恣意的奔放，这种奔放会使你从内心深处产生一种强烈的共鸣。这个季节，这样的梦幻蓝紫色同时出现在成都其他地方。对于这种在初夏盛开着醉人蓝色花朵的开花树，许多成都人难以描述自己见到它时的心情，似乎贫乏的词汇无力描绘这场蓝紫色的梦幻，以至于许多人会这样写道：美哭了。

蓝花楹蓝紫色的钟形花冠由一个细长的花冠筒组成，上部膨大，下部微弯，每一个长长的圆锥花序上开满了数十朵蓝色的花朵。盛花期时，无数的花序组成一树繁花。当无数的蓝花楹占据了一整条街道的时候，远远望去如同一片蓝紫色的祥云。云蒸霞蔚间那种绚丽梦幻的蓝色盛况，会使人沉醉其中不能自拔。

这种由大自然的物种所展现出来的深邃蓝色，会给人们带来宁静、幽邃、清丽脱俗之感。据说，蓝花楹的花语便是“宁静、深远、忧郁”。短暂的花期过后，蓝花楹的落花铺满小径、草坪、庭院，如同蓝紫色的地毯。

蓝花楹是一种半落叶的高大乔木，原产南美洲。它的树冠高大，远观枝叶繁茂，近看妙曼多姿。盛花期时，满树紫蓝色花朵如梦似幻。它的树皮很薄，呈灰褐色。当树很小的时候，树皮非常光滑，随着树龄的增长，树皮会变成细鳞状。花期过后，蓝花楹会结出扁卵圆形木质朔果，果实的中部较厚，然后向四周逐渐变薄。果实成熟后，木质种荚会裂开，露出里面扁平、四周有透明翅的种子。

除了醉人的蓝色花朵，这种美丽的外来植物也是优良的观叶植物。它有对生的二回羽状复叶，羽状的叶片通常在16对以上，每一列羽片又有16～24对小叶。这让它看上去很像含羞草的叶子，一树开展极为婆娑曼妙。蓝花楹的拉丁学名种加词*mimosifolia*，意思正是含羞草叶。盛花期后，蓝花楹的枝叶加速生长，一层层的羽状叶片形成了向四周伸展、如华盖一般的树冠层。柔软的叶片就像绿色的羽毛，四下覆盖，绿意盎然。

初冬，蓝花楹的枝叶渐渐变黄，树影之间几个已经开裂的扁平木质蒴果摇荡在风中。曾经有着曼妙身姿的蓝花楹变得沧桑，有一种“而今识尽愁滋味，欲说还休”之感。不知什么时候起，多情的人类又赋予蓝花楹“在绝望中等待爱情”的凄美寓意。在冬日阳光的映射下，蓝花楹渐黄的枝叶透着斑驳的光影，仍然美得令人心醉。这哪里是绝望中的等待，蓝花楹在冬天积蓄着希望，期待着下一次成都初夏的梦幻绽放。

# 广玉兰





锐钯街75号居民公社，旁边是新华书店轩客会。五月初夏，花姿优雅的广玉兰开出了洁白硕大的花朵。

镋钯街，街道不宽，红墙青砖，绿树掩映。传说中，锐钯街的街名得名于古大圣慈寺的兵器仓库。镋钯是一种古代兵器，从农具演变而来，创始于明代中叶的御倭战争，形状有些像戚家军使用的狼筅。光绪年间，这条街便被命名为“锐钯街”。一提起这条小街，人们首先想到的是在广玉兰深绿油亮的树荫下，悠闲的成都小巷中的咖啡、花香与书香。

初夏，掩映着小街的行道树是一排排的广玉兰树。这种开着洁白硕大花朵的广玉兰在成都栽培很广，很多街道以广玉兰为行道树，绿地小区之中也多有栽植，成都人对它们也是无比熟悉和亲切。

广玉兰并非是原产我国的乡土植物，它的“老家”在北美东南部，直到清朝末年才进入我国。民间传说中，广玉兰进入我国与建立淮军的李鸿章有关。李鸿章是安徽合肥人，世人亦称李合肥。中法战争时，李鸿章麾下的淮军与法军大战镇南关后险胜，而朝廷此时却无钱财可赏。李鸿章将从美国引入的108棵广玉兰运回合肥老家，赐给立功将领们，鼓励其栽植于庭院圩堡间。这些树被誉为“功勋树”，一时间引得众将争功、一树难求。

于是，来自北美的广玉兰就由这帮舞刀弄棒的淮军将士从合肥周

边开始栽培起来，直至今天，合肥市仍然有许多树龄上百年的广玉兰。百余年时光，广玉兰花从淮军将士的家乡开遍了全国。广玉兰树干高大，树姿雄伟挺拔，叶片浓绿光泽、四季常青，在各大城市被广为栽种，很快成为优良的城市观赏绿化树和行道树。

虽然和我国乡土植物玉兰花同属木兰科木兰属，但广玉兰的花期比早春开放的玉兰花晚了许多。通常广玉兰开花的时候已经进入了初夏，大概在五月上中旬。广玉兰也叫荷花玉兰，和我国本土原生的各种落叶的“玉兰花”不同，是木兰属常绿阔叶乔木。叶大而厚实，呈厚革质，椭圆形或倒卵状椭圆形，背面密被锈色绒毛，表面一年四季都深绿油亮。

花被片通常是9瓣，有时多达12瓣。它有着荷花一般硕大端庄的花朵，也有玉兰一样洁白的花色。这种硕大的花朵常在早晨的晨露中开放，乳白色杯形大花看上去就像一只只莲花形的玉碗，因此被誉为“开在树上的荷花”。在《中国植物志》里，广玉兰的中文正名也正是荷花玉兰。

# 鱼木

成都有许多以外省地名为街名的街道，宁夏街就是其中一条。据说清朝雍正年间，天津总兵盛瑛之子盛九功率西北宁夏骑兵入川，于此地驻扎屯兵，称此街为“盛家口”，后又改称宁夏街。

在许多老成都人的记忆里，宁夏街是城中心一条狭长幽静的街道，街两边是有着岁月痕迹的老旧四合院落。宁夏街因两处所在而为人们所熟知，一是186号，始建于清末、被老成都人称为“四大监”的成都市看守所；二是树德里4号，创办于1929年、与“四大监”仅一墙之隔，以“树德树人”为宗旨的成都九中树德中学。

今天，树德里4号依旧会传来树德学子琅琅的读书声，而四合院和“四大监”却早已拆迁，取而代之的是繁华热闹的城市广场商业中心，笔直的街道上车来人往。

六月初，宁夏街行道树的满树繁花吸引了无数路人的目光。这种树木的花姿极为优美，张扬的雄蕊群夸张地伸出花冠，如蝴蝶翅膀一般的白色或黄色的花瓣从从纷飞于枝头。初见此花的人会觉得它和街头常见的外来草本花卉醉蝶花有几分神似，这不就是开在树上的“醉蝶花”吗？

出现于宁夏街夏日街头这一排排似群蝶纷飞、花开不断的行道树，名字却和蝴蝶无关，叫作树头菜。云南少数民族有取其新生嫩叶盐渍食用之俗，故此得名。树头菜来自山柑科鱼木属，成都人更习惯

称它为鱼木。草本的花卉醉蝶花同样属于山柑科，它们的花都如翩跹蝶舞，极为美丽。只是比起醉蝶花，鱼木属的树头菜是高大的乔木，花如无数蝴蝶飞舞于高高的枝头之上，显得更加壮观。树头菜的花期也很短暂，一朵朵小花的花瓣先是白色，然后渐渐变深转为淡黄，张扬的雄蕊群色彩也越来越深，变为紫红色。一周以后，花瓣飘零，满地落花。花期之后，树头菜也会结出如小柑橘一样的圆圆皱皱的果实。不过这种果实有毒，不可采食。

树头菜来自鱼木属，听到鱼木这个树名，总感觉这树上长着鱼一样，于是就会联想起一个成语——缘木求鱼。鱼木属中还有一种植物是台湾鱼木，此树在中国台湾和两广一带较为多见。著名的植物猎人威尔逊（E. H. Wilson）在中国台湾考察时，采集了鱼木的植物标本后发表了这个物种。它的中文名字最早也来自台湾植物志。据说，鱼木的木质轻软，能在水中漂浮。台湾的渔民会用它雕成小鱼的形状，制成假饵诱钓乌贼，鱼木的名字由此而来。

作为一种行道树，鱼木无论是树形和还是盛放的花朵都十分美观。过去，鱼木在成都虽然偶有栽植，但并不多见，所以，大部分成都人对这种树并不熟悉。如今，这种美丽的观赏树成排出现在成都主要的街道上。初夏，和它相遇在古老的宁夏街，枝头群蝶纷飞，使你不需要梦到蝴蝶也能感受到游鱼的快乐。在鱼木的绿荫下，这个城市从来就不缺少浪漫。

# 醉蝶花





五月末，成都三环路中央的绿化隔离带里，一种五彩缤纷的花卉正热闹盛放。这种在成都街道和公园常见的花便是醉蝶花，它的出现，使平日里单调的绿化隔离带变得色彩丰富。在缤纷的花丛间，花朵如彩蝶翩翩起舞，引得路人纷纷驻足观赏，惊叹它们的神奇。

醉蝶花来自于山柑科的醉蝶花属，也有学者把它归入白花菜属。它不是原生于我国的本土植物，原产于南美洲。作为一种草本植物，醉蝶花算得上"身高体长"，株高可以达到1.5米以上。醉蝶花的叶是有着5～7枚小叶的掌状复叶，叶柄处长着尖利外弯的托叶刺，全株上下还有众多黏质的腺毛。

北宋晏几道《踏莎行·柳上烟归》词曰："柳上烟归，池南雪尽。东风渐有繁华信。花开花谢蝶应知，春来春去莺能问。""醉蝶"这个优美的名字，会使人联想到无数翩跹起舞的蝴蝶陶醉于花丛之中。醉蝶花是一种优良的蜜源植物，花柱与花瓣之间长有极为发达的蜜腺。蜜腺会不断分泌蜜露，满溢的蜜露经常会顺着长长的花蕊流出来，一滴滴晶莹剔透地倒挂于花蕊上，惹得蝶醉蜂痴。

醉蝶花依靠昆虫传粉，是非常典型的虫媒花。虽然花朵看上去很美，但是醉蝶花全株上下总有一种很特殊的臭味。美人如狐，多毛的醉蝶花会用味道告诉你什么是"只可远观而不可亵玩"。

陆游《遣兴·莫羡朝回带万钉》诗曰："听尽啼莺春欲去，惊回

梦蝶醉初醒。”成都锦江边一个暮春的时节，陆游在意兴阑珊的醉意里写下了这样的诗句。陆游羡慕庄周，希望自己能够在梦中化作一只花丛中翩翩起舞的蝴蝶，快乐而悠然自得，于是便忘记了铁马冰河的家国离恨，甚至忘记了自己是谁。不管是庄周还是陆游，他们都没有见过醉蝶花，否则他们一定希望自己在醉蝶花丛中，做一个更为甜蜜快乐的蝴蝶之梦。

醉蝶花的英文名是蜘蛛花（spider flower），这个名字也许更能突显出它的花朵的张扬。醉蝶花如花球一样的花序上是一朵朵的小花，由内向外渐次开放。随着开放时间的推移，花的色彩会逐次加深，先是淡淡的白色，然后转为淡红色，最后再转为紫红色。每一朵小花都有6枚雄蕊，花丝极长，都非常夸张地伸出花冠，就像是一条条蜘蛛腿一样。就这样，在整个“花球”上，无数色彩斑斓的“蜘蛛腿”伸了出去，好不热闹。

作为一种园林观赏花卉，醉蝶花在热带至温带地区被广泛栽培。许多年前，醉蝶花进入了我国。在成都，适合醉蝶花开花的时间很长。在城市绿化工人们精心的呵护下，从初夏到深秋，我们都能见到醉蝶花开放在成都的街头，散发出五颜六色的迷人光晕。

# 栀子花





入夏后，成都连续升温，天气越发闷热难耐。终于，迎来了一场雷鸣电闪的大雨，缓解了暑热之气。楼下小区院中，芭蕉经雨水滋润更显得青翠葱茏。前些日子里本已有些萎靡的栀子花，也变得精神起来。难怪唐代韩愈在《山石》一诗中说："升堂坐阶新雨足，芭蕉叶大栀子肥。"这时，不由想起了水碾河路蜀都花园里那一丛丛醉人心魄的栀子花，不知经此风雨后是否更加娇羞？

成都入夏后，大街小巷间，便多了许多贩栀子花的人。一小把一小把的栀子花放入竹篮中，摆放得整整齐齐，供人挑选。成都栽植观赏的栀子花，大多是常见的栽培品种白蟾，花大且重瓣，只开花不结果，常被称为水栀子。栀子花在成都寻常易见，水栀子更是在各个小区里几乎都有成片栽植，以至于许多人因司空见惯而谈不上特别的喜爱。

然而，悄悄藏在水碾河路小区庭院里的那一丛丛盛放的栀子花，的确给人带来许多惊喜。水碾河路得名于过去此地的一条同名小河，这小河边上曾有水碾，于是唤作水碾河，地名一直沿用至今。只是如今，无论是小河还是河边的水碾都早已踪迹难寻了，水辗河路已是横贯城市东西主干道的重要一段。

水碾河路14号便是蜀都花园，这里是成都较早开发的电梯公寓小区。五月中旬，早晨的一抹阳光透过水碾河路边蜀都花园狭长的围栏照射进来，洒在小区庭院摇曳生姿的玉兰树青翠的叶面上。玉

兰树上挂着一鸟笼，一只沐浴在金光中的鹩哥口吐着“至理名言”。在庭院绿荫之中的石凳上，坐着几位笑声不断的老人，身边是婴儿车和摇着尾巴的狗。玉兰树下，一丛丛造型整齐的水栀子正如雪盛开，空气中弥漫着醉人的芳香。

栀子来自于茜草科栀子属，是我国传统的本土植物。古人称花单瓣六出的栀子为山栀。和不能结果仅供观赏的重瓣水栀子不同，山栀在花期后会结出果实，形状极像古代的一种盛酒器具“卮”，栀子也因此得名。在古代，栀子因其药用和染色等多种用途，被古人奉为具有祥符瑞气的植物，曾受到隆重的礼遇。据《广群芳谱》记载，四川处处有栀田，“家至万株，望之如积雪，香闻十里”。

每年五月，随着气温一天天升高，成都满城的栀子花开始盛放，大朵大朵纯白的花瓣格外惹眼。栀子花的芬芳浓郁而热烈，尤其是到了夜晚，空气中总会弥漫着栀子花浓郁的香气。许多成都人会将闻到栀子花开的香气，作为成都正式进入夏天的标志。

在成都，栀子的花期会从初夏一直持续到端午。过去端午节除了赛龙舟，成都人还有河中抢鸭子的风俗。那时，人们竟相在河中追抢鸭子，岸上岸下笑声不断。河岸边也总会出现一丛丛芬芳似雪的栀子花，姑娘们交头接耳、指指点点，看着自己心仪的儿郎在锦江碧水中如浪里白条一样你争我抢。于是，就有这样一首成都民歌：

五月端阳抢水鸭，河上河下人如麻。

若是抢鸭数第一，送你一朵栀子花。

古人认为栀子花结子同心，所以又称其为同心花，以山栀子作为男女永结同心的信物。唐代施肩吾《杂曲歌辞·古曲五首》诗云：

怜时鱼得水，怨罢商与参。

不如山栀子，却能结同心。

# 枫杨

河滨路临近成都东湖公园，是一条绿意盎然的江边街道。沿着江边绿道下行，河滨路的尽头有一座跨越锦江、连接两岸的彩虹步行桥。桥头有一株枝繁叶茂的枫杨树，初夏，枫杨树已经结出了一串串带着“翅膀”的果实。

枫杨，古人习称枫柳，成都人则喜欢叫它麻柳。麻柳在成都多见，多栽植于江畔河湾。自古成都便有许多以麻柳命名的地名，离此地不远，顺锦江而下不到一公里，便是琉璃乡的麻柳湾。

五月末，空气清新，气候宜人。虽说成都的天气还未彻底热起

来，但枫杨树上已经有了今夏最早的蝉鸣声。枫杨树大概是蝉最喜爱的树种之一，很久以前，一些家贫的小朋友便在麻柳树下到处寻找蝉蜕，小心地收集起来，再去中药店换钱用来购书求学。

这个时节也是枫杨树最美的时候，枝条舒展、树叶碧绿，枝头直直地垂下一串串嫩绿的果序。河风吹过，果序如同一串串的小元宝在枝头招展，分外诱人。枫杨树来自胡桃科枫杨属，因果实似枫、花序如杨，故得名“枫杨”。不过，枫杨这种高大的乔木，既不是枫也不是杨更不是柳。枫杨属植物的拉丁学名*Pterocarya*来自于古希腊语，意思是有“翅膀”的坚果。

如果观察一下成熟的枫杨翅果，的确非常形象。如果单看这一串串长长的枫杨果序，可以发现它们是由许多小小的带着“翅膀”的果实组成的。枫杨带着“翅膀”的果实和枫属植物的果实很相似，不过，枫属植物总是两枚带翅的小坚果相连，而枫杨属植物是一个小坚果长着两个“翅膀”。这个长着“翅膀”的小坚果看上去就像一只小知了，它们成串生长在枫杨的果穗上。枫杨又称蜈蚣柳，它们长长的果序看起来就像长了许多只脚的蜈蚣一样，名字非常地形象传神。在安徽一带，它还有个名字是娱蛤柳。“娱”通“蜈”，娱蛤也是蜈蚣的意思。

大多数的枫杨是雌雄异花同株，枫杨的花序叫葇荑花序，它们下垂的花轴上，着生众多无柄或具短柄、极为细微的花朵。葇荑花序同样会出现在杨柳科植物中，加之枫杨常在水边生长，这使它看起来和水岸边的垂柳也有几分相似。和许多杨柳科植物一样，枫杨也是通过风媒传粉。所以，在古人眼中，这种胡桃科的植物反而和杨柳科的杨柳更为亲近。

作为一种中国传统的乡土树种，枫杨在中国南方极为常见，溪涧河滩和阴湿山坡地是它们最为喜欢的生活环境。也许是因为它的木质

枫杨的果序

茱萸花序

疏松、主干容易空心，无法用于建筑成为梁木，即使用于打造器具也易翘曲而不堪大用，所以人们总是忽视乃至轻视它。《世说新语》就记载了这样一个故事：东晋时，名士孙绰在房前种了一棵松树，常常亲自培土修理。他的邻居就说："小松树虽然是楚楚可怜，但永远也做不了栋梁呀！"孙绰听了后不屑地说："枫柳虽然粗大，但又有什么用处呢？"

这就是成语"楚楚可怜"的出处。故事里的枫杨不幸成为陪衬小松树的"配角"和"反面形象"。以至于后世的文人一提起枫杨，也是一副不屑的语气。比如"枫柳虽合抱，何如斋中松"，又或是"幸非枫柳种，楚楚秀阶墀"。无法入古代文人眼中成为"栋梁之材"的枫杨，实在是承受了太多的"委屈"。

这真是对枫杨最大的误解。发达的根系和耐水湿的优点，使枫杨自古便成为护岸固堤的优选物种。枫杨生长迅速、适应性极强，作为一种城市的行道树，它们也非常尽职，长成以后，高大的枫杨枝繁叶茂，能为人们遮阴纳凉。它们极有韧性的树皮还可以制成纤维，代麻或用于造纸。

枫杨树龄很长，是家乡最有诗意的风景，也是游子心中难以忘怀的家乡的象征。春光中欣赏河边它优雅婀娜的身姿，夏日里在它高大的树下纳凉休憩，秋色中望着树叶渐渐变黄飘落，冬季里成熟的种子像安上了螺旋桨，一颗颗离开枝头旋转着落下。望着树下开心地追逐着这些打着旋儿的翅果的孩子们，你会发现，对于枫杨这种相伴于我们身边、如此美好的乡土植物，时间和岁月会使我们对它们更加依恋，为什么一定要苛求它们成为栋梁呢？

# 美人蕉

五月，青龙湖畔，一只贼头贼脑的黑水鸡从一大丛盛放的水生美人蕉花丛中钻了出来，不巧迎头遇上正在湖边散步的人。于是，黑水鸡慌不择路地转头钻入了水生美人蕉密密的蕉丛中。从里边又惊起一只小䴙䴘，划过水面，生出一串涟漪。夕阳下，一大片水生美人蕉正开得热闹，翠绿的蕉叶和粉红的花闪动着溢彩流光，霞光映照中如一曲流动的金色旋律。

自古以来成都便是江河沟渠纵横，湿地沼泽密布，泛舟顺流，舳舻千里。大量的水生湿地物种在此地繁衍，生生不息。古时，成都城中有一大湖，称摩诃池。五代后蜀皇帝孟昶之妃花蕊夫人曾泛舟其上，作诗赞道“长似江南好风景，画船来去碧波中”。陆游在成都最为惬意的宦游时光中，也曾在海棠如醉、桃花欲暖的时节漫步于摩诃池边，写下《水龙吟·春日游摩诃池》，感慨春光短暂、年华逝去，铁马冰河只能入梦，终究萧瑟惘然惆怅。

随着成都自然湿地的消失，过去曾经生活在这座城市的许多湿地物种也渐渐地消失了。摩诃池的一池碧水更是早已消失于历史的时光之中。近年来，成都环城打造人工湿地，以期再现当年“一径野花落，孤村春水生”的生态景观。无数外来植物倒也显得热闹，但生物多样性的恢复就远非一夕之功了。

水生美人蕉原生地在中北美洲的湿地，也称粉美人蕉。今天全世

界广泛栽培的水生美人蕉品种是20世纪70年代由美国著名的水生植物园长木花园（Longwood Gardens）培育成功的，所以又被称作长木美人蕉。这种粉美人蕉品种具有耐涝耐酸碱的特点，虽然也可在陆地生长，但于湿地或浅水中长势更好，因此通常作为水生景观植物在全球湿地公园中栽种。水生美人蕉来自美人蕉科美人蕉属，而美人蕉科只有美人蕉属一个属，共有十多种不同的物种，均原生于美洲。近年来，它们成片出现在成都的人工湿地公园，初夏开花，极为美观。

相较于粉美人蕉，过去在成都最为常见的是大花美人蕉。大花美人蕉花大色艳，颜色品种众多，主要种植于庭园陆地。它们的花期很长，也是夏季常见的观赏花卉。在成都沿锦江两岸的绿地或公园中，就有大量丛植的大花美人蕉。大花美人蕉是美人蕉的园艺杂交种，花朵大，只开花不结果。

美人蕉本种的花比较小，总状的花序在花期时开出不多的红色花。除了观花，美人蕉的观赏价值主要在于赏叶。除了常见的青翠蕉叶的美人蕉，也有许多花叶的品种。有趣的是，美人蕉的种子又黑又硬，形状就像17世纪时所用的黑色的圆头子弹，这也是它英文俗名“印第安射手”（Indian shot）的来历。

在过去，美人蕉是一种具有经济价值的植物。美人蕉的茎叶纤维可用于制人造棉、织麻袋、搓绳，其叶可以提取芳香油，残渣还可造纸。美人蕉有一个栽培变种——蕉芋，它的块茎富含淀粉，从中可以提取蕉芋粉，可制粉条，适合老弱幼儿食用。过去，成都周边乡村也曾种植蕉芋，只是现在越发少见。

夏日阳光下，美人蕉盛放，硕大的花朵却有着一种慵懒倦怠。明代才子唐寅曾作《美人蕉图》，题诗极富雅趣：

大叶偏鸣雨，芳心又展风。
爱他新绿好，上我小庭中。

只是唐寅画中的美人蕉是什么，后世却有各种说法。古时美人蕉多指芭蕉科芭蕉属的多种植物，而今天植物学上的美人蕉是由美洲传入。自明代中后期以后，美人蕉在中国栽植渐多，逐渐特指今天植物学上的美人蕉属植物。只是这唐寅的诗用于描写今天的美人蕉，也极为妥帖。

# 夏日梦幻

随着盛夏季节的到来，成都也将迎来一年中最闷热难耐的暑日。天气越发闷热，一阵雷雨骤来疾去，降雨的范围很小，难怪古人会说：“夏雨隔田坎。”夏天也是植物生长最为旺盛的季节，一幢老房子的侧面已爬满了绿色，爬山虎像是与古老建筑物浑然一体的一段历史记忆。濯锦路上，成排的梧桐树开出了细碎的花朵，一树梧桐花在雨后绽放也是别具风情。在车来人往的街边，一大丛艳山姜开得极为娇艳。

# 紫阳花





有一种花叫“紫阳花”，粉红、粉紫、粉白，花色多变。开花时节，如云似雾、紫气蒸腾，花团锦簇、连成一片，极为美丽。在成都，紫阳花一般自五月初夏开始盛开。

北糠市街，初夏的晨曦温柔地爬上了照壁红墙。微风轻拂、晨光明媚，人们在清脆婉转的鸟鸣声里又迎来了一个清晨。这条小街的一头是太古里纵横交错的现代时尚，另一头是大慈寺从容如水的超脱沉静。千年古刹内的暮鼓晨钟与时尚都市的熙攘喧嚣，在这座城市的腹地跨越时空与历史交汇。谁能说得清楚，哪一边是浮世，哪一边才是超脱？

透过一丛丛天蓝色的紫阳花，可以看到殿堂前居中端坐着佛祖，左右相陪的是财神与关公。据说，这殿名唤伽蓝殿，“伽蓝”是梵语僧伽蓝摩的简称，意为“众园”，乃是僧众所居住的园林，常有供关羽像为护法神的做法。至于这金光闪闪、珠光宝气的财神，也许是为了护佑春熙路太古里的繁华吧。据传，唐代高僧玄奘法师在大慈寺受戒为僧，唐玄宗为寺庙题写寺名，大慈寺更有“震旦第一丛林”（震旦是古代印度人对中国的称呼）之美誉。和许多寺庙远离浮世、建于山野不同，大慈寺周边自古便是成都的商业中心，这种闹中取静的淡定气度更无出其右。

数千株盛放的紫阳花就隐身于这闹市之中的佛门静地，或粉红色

或淡蓝色或白色，清丽而不妖艳，华贵而不媚俗，出众而不张扬，保持着与世无争或不屑于争的优雅。看着这样一团又一团或淡雅或艳丽的绣球花海，这时你才猛然醒悟，成都初夏的花团锦簇就是在这里悄然到来。

紫阳花是绣球花科绣球属的灌木，和盛开于春光之中的忍冬科荚蒾属的木绣球不同，在植物学上，它是真正的绣球属植物。在《中国植物志》里，它的名字正是绣球。传说白居易曾到杭州一座寺庙，住持向他求问一无名花树，白居易称此花为“紫阳”，并题写《紫阳花》一首：

何年植向仙坛上，早晚移栽到梵家。

虽在人间人不识，与君名作紫阳花。

白居易所见的紫阳花的真身已无可考，紫阳花的名字是在日本发扬光大的。紫阳的花名在唐代传至日本，日本多于寺院之中栽培种植，栽植绣球的寺庙也被称为紫阳花寺。相较于绣球，紫阳花的花名与意境皆美，于是，日本人从此便称绣球为紫阳花。到了今天，紫阳花的名字再次回归，成为绣球的别称。

# 女贞



六月，锦江边南浦中路，女贞开始盛放，一树繁花，满街闷香。女贞是成都最常见的行道树之一，在成都大街小巷极为寻常、处处可见。这种木犀科女贞属的高大常绿乔木是中国原生的乡土树，在中国南方广泛分布、栽植数量极多。曾在巴山蜀水间流连的李白在《秋浦歌》中写道：

千千石楠树，万万女贞林。
山山白鹭满，涧涧白猿吟。

虽说女贞平常易见，但古人认为女贞树是一种有品德、有节操的树木。李时珍《本草纲目》中说："此木凌冬青翠，有贞守之操，故以女贞状之。"意思是说女贞不畏寒冷、四季常青，性格操守像极了贞节烈女。"负霜葱翠，振柯凌风，而贞女慕其名，或树之于云堂，或植之于阶庭。"成都栽植女贞的历史极为悠久，在新都区新繁镇有一处名胜东湖，为唐代宰相李德裕任新繁县令时开凿。东湖内有一株女贞古木，据传已有500余年的树龄。

女贞树不惧寒冷、枝叶浓密、四季常青，更有贞节之誉。和它雅致的大名相比，成都人更爱叫它"爆疙蚤树"。据说旧时此树多见，人们用此树枝叶烧火做饭，枝叶多湿，烧起来噼啪作响。这疙蚤便是跳蚤，一树密密麻麻紫黑色的小果子就像一堆跳蚤一样。虽说是同一

种树木，爆疙蚤的大俗之谓和女贞的大雅之称，如天地之隔。

六月女贞开花的时候，满城都能看到女贞花密密麻麻的白色圆锥花序。每一个花序上开满了一朵朵细细碎碎的小花，白色花冠四裂反卷，就像四个小花瓣，花丝远远地伸出花冠筒外。一场暴雨过去，锦江边的南浦中路地面上铺满了一层层细密的女贞落花。女贞花的花期很短，花冠很快就由白变黄，远远看去就像一层层密密麻麻、白白黄黄的小疙瘩。在女贞盛花期的时候，一树繁花招蜂引蝶，花香极为浓郁，有时让人头昏脑涨。难怪女贞开花，总是有人喜欢，有人烦恼。

女贞枝叶茂密、树形整齐，加之四季常青，是城市园林绿化中应用较多的乡土观赏树种。古人曾在女贞的枝叶上放养一种叫白蜡虫的昆虫。这种虫的雄虫能够分泌白蜡，这种蜡可制蜡烛，具有极高的经济价值。栽植女贞放养白蜡虫曾经是成都平原和西南数省非常重要的产业，这也促成了女贞树在四川极为广泛的栽种。直到20世纪80年代，成都的大街小巷都栽植了女贞树，以至于当时评选成都市树的时候，女贞以微弱的票数惜败于银杏，“爆疙蚤树”差点就成了成都的代表树木。今天成都的园林行道树的种类越来越丰富，曾经满城的女贞树渐渐地被更多的树种取代了。

花期过后，女贞树进入到了果期。“爆疙蚤树”结的果实也是密密麻麻、果序成串，这种浆果状的核果最后会变成紫黑色。满树沉甸甸的小果子，是各种鸟儿最喜爱的食物。不过，满树一串串紫黑色的果实也是车主和环卫工人的一大烦恼。初秋的时候，女贞的果子常常掉到停在树下的车顶上、地面上，当行人走过，地面一片污渍。在这个时节，如果你正在成都的街头，也许就会听见这样的声音："好烦哦，你看嘛，这个爆疙蚤树的果果掉下来，都把人家的新衣服给整脏咯……"

# 蜀葵



炎炎夏日，成都虽有绿荫遮阳，但已少见鲜花摇曳。这个时候，高大鲜艳的蜀葵总会适时出现。这是一种高大草本，花朵巨大，花瓣色彩纷呈，有大红也有粉红，有白色也有紫色，还有单瓣、重瓣之分。

“向日层层拆，深红间浅红。”蜀葵娇艳而不媚俗，华丽而不招摇。成都街巷院落中的蜀葵，总是能激起许多人对童年的回忆。以前，家家户户都会顺手在自家房前屋后、篱笆边种上几棵蜀葵。不必精心照料，蜀葵也总是能在夏日开出鲜艳华丽的花朵。许多老成都人关于成都夏日的儿时记忆中，便有这来自于院落深处围墙边的自家花台上高高挺拔盛放的蜀葵。

成都人常称蜀葵“棋盘花”。这个名字是因其花大如棋盘还是果实似棋子而得，我一直不得而知。蜀葵是锦葵科蜀葵属多年生的高大草本，据说是因为原产于蜀地而得名。南宋博物学著作《尔雅翼》记载：“今戎葵一名蜀葵，则自蜀来也。”于是这种植物同四川有了更紧密的联系，这让许多了解典故的蜀人见到蜀葵时，也多了几分亲切与骄傲。不过，后世又有多人考证，“蜀”字并非指巴蜀，本义是指其高大。比如西汉时称蜀葵为“戎葵”,《尔雅·释草》称它为“菺”,“菺，戎葵”。“戎”和“蜀”均有高大之义，后来郭璞作注：“今蜀葵也。”

今天，我们于夏日随处能见到的蜀葵都是栽培品种，野生的蜀葵

在巴山蜀水间却是踪迹难寻。我国栽培蜀葵的历史极为悠久。蜀葵曾在南方平原生长繁衍，随着平原被人类利用开发，无数野生物种的栖息地被占用，它们或是灭绝或是退隐于山野。而强健易活的蜀葵却很好地适应了人类生活的环境，褪去野性，大隐于市，“泯然众人矣”。

蜀葵因其高大，可达丈许，花多红色，又被唤作“一丈红”。它们的花期很长，盛花期通常在端午前后，所以它也成为端午节的代表花卉，被誉为“端午花”。据明末清初杨穆《西墅杂记》记载，明成化年间有日本使者来华，遇栏前蜀葵却不识，于是题诗道：

花如木槿花相似，叶比芙蓉叶一般。
五尺栏杆遮不尽，尚留一半与人看。

蜀葵是最早走出国门的观赏物种之一，早在15世纪，蜀葵便被引种到欧洲，并在欧洲宫廷园林中广为栽植。文艺复兴时期的画师提香、印象派大师凡·高和莫奈，都画过蜀葵。今天，在遥远的瑞士阿尔卑斯山下的小镇，我们也能看到来自我国的蜀葵在山野中盛开。

清代诗人吕兆麒《蜀葵》诗曰：“昔向燕台见，今来蜀道逢。熏风一相引，艳色几回浓。”作为中国传统的乡土植物，蜀葵自古便在古代园林中得到了很好的运用。它的“芳容”使卓文君和巫山神女为之失色，难怪唐人盛赞蜀葵“文君惭婉娩，神女让娉婷”。时光荏苒，这个夏日，蜀葵又盛开在成都街巷之间。“锦水饶花艳，岷山带叶青”，成都老院落里从来不乏蜀葵绿叶红花的动人身影。

# 茉莉花

茉莉花总是如约盛开在仲夏的夜晚，一丝丝醉人的清香沁人心脾。茉莉花有翠绿发亮的叶片、珠圆玉润的皎洁花朵，看上去朴实无华，却总会让人见之心喜。成都人对茉莉花无比熟悉和喜欢，夏至时节，在成都平原的物候开始进入盛夏时，茉莉花便会开出芬芳怡人的白色小花。小花大多是三朵一簇，开在枝头的最顶端，雪白的花朵点缀在青翠的叶丛之间，盈盈素靥临风无限清幽。

茉莉花是来自木犀科素馨属的矮小灌木，在中国被广泛栽培，是我们最为熟悉的植物之一。一曲苏南小调《好一朵美丽的茉莉花》传唱世界经久不衰，作为中国文化的代表由飞船搭载飞向太空。全世界的人都了解中国人喜爱茉莉花，也盛产茉莉花，常称它为“中国茉莉花”。

不过，许多人并不太清楚，我们无比熟悉的茉莉花并非原产于中国，而是原产印度、伊朗、阿拉伯等国。晋代嵇含《南方草木状》说：“那悉茗花与茉莉花，皆胡人自西域移植南海，南人怜其芳香，竞植之。”那悉茗花便是素馨花，在汉代时由出使南越的陆贾同茉莉花一起带入中原。因为进入中国时间很长，加之寻常可见，所以大家早已将它当作中国乡土植物。茉莉花的花期极长，从五月中旬可以一直持续到八月，茉莉花的清幽芬芳会一直陪伴我们度过夏日的夜晚。

成都人对茉莉花还有另外一层的情感，成都人的生活离不开老茶馆，离不开茉莉花茶。初夏均隆街锦江河畔边，在几株高大的构树绿荫的遮蔽下，一间闹市区内很难见到的老瓦房的房前散乱地摆放着几十把竹椅，这里早已高朋满座。约上几个朋友，寻一处茶座，花费几十元的茶资便可以坐上半天。江水静静流淌，岁月寂寂无声，开水沏入杯中，氤氲的水汽升腾，从杯中飘散出茉莉花的清香，诠释着成都

人的慵懒闲适。很难想象，数十米之外，便是最繁华、最忙碌、高楼大厦林立的成都金融和商务中心。而一个斜靠竹椅微闭着双眼、享受着掏耳乐趣的人，也许一刻钟前还在东大街现代化的写字楼里，仪容整肃地主持商务会议。

各个地方的饮茶习惯都不同，最爱喝茉莉花茶的也许就是成都人了。中国是茶的故乡，中国西南更是茶的原产地。据记载，自清乾隆初年，客家人便将茉莉花引种到成都。今天，客家人聚集的大面铺仍然是成都著名的茉莉之乡。据说，茉莉花茶已有1000多年历史。《中国植物志》在介绍茉莉时，也专门提到：本种的花极香，为著名的花茶原料。中国最早的茶馆也起源于四川，清末成都文化名人傅崇矩著有《成都通览》一书，他在书中记载成都茶馆“省城共计四百五十四家，街市坊间，触目可及”。当时成都共有516条街道，也就是说，几乎每条街巷都能找到一个喝茶的地方。

那个时候，最为粗放的是把大海碗一溜摆在茶铺门口，碗里装着用豹皮樟的树叶制成的大碗茶。贩夫走卒们路过，端起来便一饮而尽，扔下一枚铜子又继续赶路。坐在茶铺里慢慢品味的是茉莉花茶，此茶由含苞欲放的茉莉鲜花加入绿茶中窨制而成，因此兼有两者的香味，又称茉莉香片。喝茶的茶具是盖碗，由茶碗、茶船、茶盖三件组成，各具妙处。茶盖置于桌面，表示茶杯已空，需要添水。茶馆斟茶者被称为茶博士，他们斟茶极具技巧，瞅个空子，远远地用长长的铜质壶嘴将开水极为精准地斟入茶碗之中。就连江湖码头上发生了纠纷，为了避免打架斗狠，双方要先约起到茶铺去调解，叫吃讲茶。绝不拉稀摆带的袍哥人家，端起一碗茉莉花茶，吹着上面的茶沫，在茶香与花香的双重熏染下，这架是怎么也打不起来了。就这样，在双方请来的袍哥界前辈的调解下，输了的一方利落地付了茶钱，同时邀请对方进馆子吃一台豆花饭，以后在江湖中相见也就还是朋友了。

# 花叶艳山姜

三瓦窑地处成都东南锦江之畔，锦江与沙河相汇后，流经三瓦窑，在此处轻缓地转了一个弯。明代时，自九眼桥、红瓦寺一带至此，沿江共建有三处砖瓦窑，据说是成都蜀王府烧制陶器砖瓦之地。按顺序排列，红瓦寺为头瓦窑，此处则是三瓦窑，也是工人、监工的住地。此地因窑而兴、日渐热闹，于是形成了地名三瓦窑。中华人民共和国成立后，这里建起了热电厂，烟囱林立，烟尘滚滚。

今天的三瓦窑，不要说江边古老的砖瓦窑，就连曾经的热电厂也早已不见了踪迹。夜幕下，三瓦窑商业广场烧烤、串串和啤酒的喧嚣混合着广场舞的节拍，表明此地已是成熟社区。除了静静向南流去的锦江水，三瓦窑早已物是人非。只有古老的地名是这里唯一的历史痕迹，提醒你此地曾经的过往。

三瓦窑街头，一丛丛高大的花叶艳山姜开放了。当我们见到这种姜科植物的明亮秀丽的花朵时，成都进入了盛夏。夏日的阳光照在花叶艳山姜一串串白玉般温润的花序上，一个个小小的花苞变得晶莹剔透、宛若凝脂，花苞的先端总还有一抹娇羞的红晕，难怪古人称艳山姜为玉桃。清代吴其濬《植物名实图考》说："玉桃，叶如芭蕉，抽长茎，开花成串，花苞如小绿桃。花开露瓣，如黄蝴蝶花稍大。"

花叶艳山姜是艳山姜的花叶园艺品种，是姜科山姜属多年生常绿草本园艺植物。这种高大的姜科草本植物在中国南方各城市中栽培极

广，在成都街头和小区更是随处可见。除了娇艳欲滴的花朵，它让人印象深刻的还有叶片上的浅黄色的条纹和花斑，所以才会有花叶艳山姜之名。

当玉桃般的花苞绽放后，花朵张开露出外轮波状明黄色的唇瓣，唇瓣内是鲜艳的红色斑纹。很少有人知道这个鲜艳的唇瓣是由它的两枚雄蕊演化而来。就在我们的眼前，在车来人往的三瓦窑的街边，一只木蜂悄悄地从唇瓣钻进了艳山姜的花朵。这朵娇羞的花儿变化的柱头正展示着让人击节赞叹的传粉技巧，而行色匆匆的人群却很少有人关注它。

艳山姜广泛分布于我国西南到东南，在四川的山野间也能见到它们青翠娇俏的身影。作为一种原生的乡土植物，艳山姜很早就出现在成都的园林之中。古人曾以艳山姜的花朵来形容豆蔻年华的少女，称它作红豆蔻花。串串玲珑珠玉间，垂璎珞倒鸾枝，明黄、艳红、瓷白相得益彰。南宋时，成都知府范成大就曾题诗一首《红豆蔻花》：

绿叶焦心展，红苞竹箨披。
贯珠垂宝珞，剪彩倒鸾枝。
且入花栏品，休论药裹宜。
南方草木状，为尔首题诗。

# 爬山虎





成都高攀路26号有一个老地名“白药厂”，白药并不是云南白药，而是指白火药。1876年，洋务派大员丁宝桢调任四川总督，在他手中诞生了成都最早的兵工厂。《成都市志・工业志》记载，白药厂办公楼由德国格兰公司设计。据说，建筑材料都产自德国，远跨重洋辗转多地才终到成都。中华人民共和国成立后，白药厂成为解放军七三二二工厂。

今天，在白药厂的旧址上，由砖房、仓库、厂房、办公楼组成的工厂建筑群，成为成都又一处文艺青年的文创聚集地。夏天是植物生长最为旺盛的季节，整个建筑群爬满了爬山虎，满目翠绿。“地锦花铺地锦衣，碧茸上织紫花枝。”这就是宋代诗人杨万里眼中墙头或屋面的爬山虎。在老成都人的记忆中，许多老建筑上都有爬山虎的身影。一幢老房的侧墙爬满了绿色，使这幢老房也有了生命力。

随着这座城市日新月异的发展，爬满爬山虎的老建筑逐渐消失，这使爬山虎越发低调。几年前，人们突然发现，成都二环路高架桥下的爬山虎早已爬满了桥桩，把高架桥装扮得一片碧绿、生机盎然，仿佛连钢筋水泥体也有了生命力。这样一大片生机勃勃的绿色美景，让你在闷热的夏季感觉到些许凉意。

爬山虎属于葡萄科地锦属，是一种攀缘植物。攀缘植物是一类

不能直立，需要通过主茎缠绕或攀附器官攀附支持物生长的植物。爬山虎很能爬，尤其是在盛夏，一夜之间，它就能向上攀爬到更高的地方。多年前，叶圣陶先生写过一篇《爬山虎的脚》：“原来爬山虎是有脚的。爬山虎的脚长在茎上。茎上长叶柄的地方，反面伸出枝状的六七根细丝，每根细丝像蜗牛的触角。细丝跟新叶子一样，也是嫩红的。这就是爬山虎的脚。”爬山虎的卷须末端会特化为吸盘，这种吸盘就是它的“脚”。叶先生还写道：“不要瞧不起那些灰色的脚，那些脚巴在墙上相当牢固，要是你的手指不费一点儿劲，休想拉下爬山虎的一根茎。”

在植物学上，爬山虎还有一个更正式的名字叫“地锦”。《中国植物志》葡萄科地锦属中这样记载：“春夏翠绿，秋天有的种类叶色变成鲜红或紫红，甚为美丽；野生群集铺地者，远可见一片绯红，盛似‘地锦’。”能写下这样一段文字，作者的内心也一定是柔软而文艺的。

明代才子唐寅曾写过一首《落花诗》：“扑檐直破帘衣碧，上砌如欺地锦红。”爬山虎爬满房檐、垂下绿帘，微风吹拂，荡起一片绿波。每到深秋，爬山虎的叶片逐渐变红，一墙一地的藤蔓枝叶将秋天装扮得更加色彩缤纷。盛夏时节是一片翠绿，到了深秋又变成一片橙红，爬山虎不愧拥有“地铺红锦”的“地锦”之名。

# 木槿





七月，盛夏本是植物生长最为旺盛的季节，雨中的城市越发显得郁郁葱葱。在一场接一场的大雨中，看不到雨停的迹象。整个七月，成都似乎都在坏天气中度过了。

雨季，出不了远门，心情也随着一场场雨水的降临越来越潮湿。在这样一个多雨的季节里，还能用盛放的花朵给你慰藉的，居然是小区庭院中带着雨滴的木槿花。经过一夜风雨，木槿的花和叶被雨水轻轻拂过，晶莹剔透，美丽妖娆。

作为夏季的代表花卉，木槿是产于我国的乡土植物。最早原生于山野的木槿是单瓣的，经过历代栽培，早在南北朝时期，就已经出现了重瓣的木槿花。木槿也是我国传统的本土观赏花卉，又称"槿花"。李白《咏槿》诗曰："园花笑芳年，池草艳春色。犹不如槿花，婵娟玉阶侧。"可见，木槿很早就种植在园林庭院中供人观赏了。

在成都，木槿是夏季寻常可见的花。和代表着这个城市形象的满城芙蓉相比，木槿低调了许多。古代，女孩子会采摘木槿菱形的叶片用来洗发：把叶子泡在盆里，轻轻揉搓，不多时水变得滑腻，还能搓出许多的泡泡。木槿叶片含有肥皂草苷、皂苷和黏液质，用它洗头，可使头发光滑柔顺、乌黑亮丽。

木槿花有单瓣的，更多的是复瓣，单生于枝端叶腋间。古人观察

到木槿只有一天的开花时间，早晨绽放，晚上凋谢，所以又称木槿为“朝开暮落花”。也正是在一个落寞寂寥的黄昏，白居易见到了中庭正在凋落的木槿花，一时心有所感，写下了《秋槿》一诗：

风露飒已冷，天色亦黄昏。
中庭有槿花，荣落同一晨。

《诗经·郑风·有女同车》曰：“有女同车，颜如舜华。……有女同行，颜如舜英。”这里的“舜华”和“舜英”，指的也是木槿，是说女子美丽的容貌如同清晨开放的木槿花一样娇艳。舜通“瞬”，芳华一瞬的美，转眼就会凋零。同样的木槿，同样的朝开暮落，不同的人却是不同心境。夏日的一个清晨，终南山久雨初停，辋川山庄中又一朵木槿花迎着朝霞绽放。半官半隐的王维挥笔写下《积雨辋川庄作》，其中两句曰：“山中习静观朝槿，松下清斋折露葵。”似乎只有身在山野田园之间，才能感悟到木槿芳华一瞬的那种意境。

虽然每一朵木槿花只开一日，但一朵木槿花凋落后，其他花苞还会花开不绝，似乎没有穷尽。木槿的花期可以持续很长时间，难怪古人称它有“日新之德”，将其称为“无穷花”，象征着世世代代、生生不息。

七月，身处成都绵密的雨季，虽说疏离了山野，却还能在雨中静观庭院中的木槿花。“暮落不悲容艳好，旭日依旧无穷花。”面对木槿的朝开暮落，有人会伤怀美好的事物为何这么短暂就随风雨消逝，也有人体会到这个物候轮回中的城市在木槿的花开花落间流淌出的勃勃生机。

# 荷花

泉眼无声惜细流，树阴照水爱晴柔。

小荷才露尖尖角，早有蜻蜓立上头。

入夏后，四川大学华西校区中西合璧的古老钟楼下，荷塘边人乏蝉鸣，池中荷花亭亭玉立，散发沁人清香。在钟楼另一面的池渠之间，点缀了两座中式石桥。钟楼倒映于池水之间，桥下莲叶田田、荷花袅袅，此地便是被誉为华西盛景的“双桥烟雨”。

据说，在这座钟楼之上，题刻有这样一联：

念念密移，古今一瞬。

隆隆者灭，天地孰长。

自古至今，赏荷都是成都人夏日里不变的习惯。每年的夏季，华西校园内的这处荷塘池渠总是会吸引无数的成都市民前往观赏。古老的钟楼之下，每一年这一段荷花盛开的夏日时光记忆更是必不可缺。

荷花，也称莲，古人称它为芙蓉，原产于中国。晋代崔豹在《古今注·草木》里说：“芙蓉，一名荷华，生池泽中，实曰莲。”荷花肥厚的地下茎埋在水下，富含有机质的淤泥是它最好的养料。经过初夏雷雨的洗礼，这种风姿绰约的高大挺水植物便成为夏日池塘中最美妙的风景。除了观赏，莲蓬、莲藕、荷叶、藕带，更是满足着每一个成

都人的味蕾。按照时令的顺序，取而食之，人们便可度过一个有滋有味的夏天。

荷花的曼妙芳姿总是会给人无限的遐想，浪漫的屈原就曾在《离骚》中说：“制芰荷以为衣兮，集芙蓉以为裳。”我要用荷叶做绿上衣，我要用荷花做红下裳，大袖翩翩行云流水，绿衣红裳飘飘欲仙。

成都赏荷之地不少，除了最靠近市中心的四川大学华西校区钟楼荷塘，三圣乡的荷塘月色、成都郊外的青龙湖、新都桂湖公园都是成都人心目中最佳赏荷之地。不过，在唐宋时期，成都人赏荷却是在这座城池的中心，这就是今天的天府广场。那时的天府广场一带是一泓500余亩碧波荡漾的湖水，名为摩诃池。

摩诃池最早出现在隋代，隋文帝四子杨秀被封为蜀王后，在成都大兴土木、挖土筑城。因为土挖得多了，就形成了一个大湖。据说，一位西域僧人云游至此，说了句梵语“摩诃宫毗罗”，意思是说这池子广大有龙，于是得名“摩诃池”。虽然摩诃池中并没有出现过龙，但到了唐代，“摩诃池上春光早，爱水看花日日来”，它已成为成都的一处风景胜地。堤岸边广植嘉木，池中栽植大片荷花。“珍木郁清池，风荷左右披。”进入盛夏，池中连片的荷花姿影摇曳、吐露芬芳，众多文人骚客在此流连玩赏。到了南宋，以蜀人自居的陆游更是在摩诃池边流连忘返。他说：“摩诃古池苑，一过一消魂。”到了清末，摩诃池仅在西北隅残留了少许水面。如果一池湖水今天依在，粼粼波光中绿树红墙掩映下的城市中心，便是青莲居士李白笔下“镜湖三百里，菡萏发荷花”的盛景，会让人怎样地沉醉。

那一年，当四川大儒林山腴在华西钟楼题写下“古今一瞬，天地孰长”的时候，曾经莲叶招展的摩诃池的最后一抹涟漪也消逝于时光中。也许，在今天城市中心的幽暗地底，仍然还有一颗来自摩诃池的古莲子在静静地沉睡。

# 潋滟秋光

桂花巷连接着城市两条繁忙的主干道，但只要转身进入了桂花巷中，在街道郁郁葱葱的桂花树的掩映下，便隔绝了浮华喧嚣。中秋，巷子中的空气氤氲着香甜的气息，这一瞬间，仿佛时光都会变得分外地舒缓。几场秋雨之后，街道上到处都是栾树细碎金黄的落花。这时候，满街的栾树树冠上结出了一大片橙红色的栾果，似乎一夜之间，整个城市的色彩突然变得丰富和厚重，成都也从闷湿的酷暑进入到了凉爽的秋天。

秋季
导赏图
二
路
环
路
环
路
二
环
路
二
⑧
永陵
⑥
人民公园
⑨
⑪
杜甫草堂
青羊宫
百花潭
②
⑤
一
二
环
①东大街：垂序商陆
②百花潭：紫薇
③望江楼公园：梧桐（果）
④四川大学：指甲花
⑤芳邻路：栾树
⑥桂花巷：桂花
⑦新九眼桥：柳树
⑧永陵博物馆：芙蓉花
⑨人民公园：菊花
⑩科华北路：黄金菊
⑪青羊宫：水杉
⑫秀苑路：法国梧桐
N
图中编号按照观花（叶或果实）时间的先后顺序排列。

电子科大
⑫
文殊院
339电视塔
大慈寺
①
合江亭
③
四川大学
④
⑩
⑦
沙河绿地
人民北路
一环路
蜀都大道
二环路
路

# 垂序商陆





这个城市总会有一些不太引人关注的角落，总会有一些低调的植物，不知道什么时候起就在这样的角落里悄悄地生长。因为鸟类不经意间的一次播种，它们无须任何看护和照料，种子落地后，生根开花结果，很快就在这个城市拥有了自己的一方小天地。

多年以来，每年夏秋之交，在繁华东大街高楼林立下一处不引人注意的角落，一棵叫垂序商陆的杂草会自在地结出一串紫黑色的果实。街道上人来人往，很少有人会去看它一眼。通常，一棵高大的杂草难免会引起别人的注意。所以，垂序商陆知道，要尽量适应环境，在任何地方都能扎下根，在没有那些人见人爱的花草的角落、在最不引人注意的地方低调顽强地生活。

垂序商陆是商陆科商陆属的植物，又叫美洲商陆。从名字上可以看出，这种植物并不是来自于中国本土，而是来自于遥远的北美。它有极强的适应能力，在贫瘠和富集重金属的土壤中也能很好地生存。从北美引入中国栽培后，自20世纪60年代，垂序商陆遍地开花，逸生成为一种城乡接合部极为常见的杂草。特别是在南方，它已成为最为常见的入侵性杂草。

商陆属的植物都分布在热带至温带地区，绝大部分产自南美洲。除了外来物种垂序商陆，还有三种本土的商陆，其中最常见的就是商陆本种了。不过，和高大霸气的外来入侵杂草美洲商陆相比，本土植物商陆的环境适应力就差了许多，只能生活在人类活动较少的周边山野中。在成都西边的青城山中，我们还能在不经意间寻找到本土植物商陆略显清秀的身影。虽说垂序商陆和商陆看起来极为相似，其实它们也极易区分。顾名思义，垂序商陆花序下垂，而商陆花序直立；垂序商陆茎干红色，商陆茎干不发红；垂序商陆的果实是合生在一起的，而商陆的果实却是一瓣瓣分开的。

无论是商陆本种还是外来入侵的美洲商陆，它们都是有毒的植物。北宋苏颂《本草图经》中说，商陆有赤、白二种，花赤者根赤，花白者根白。商陆的部分毒性来自重金属的富集作用，另有大部分毒性来自次生代谢产物，如皂苷、生物碱类的化合物等。这两者一个主慢性中毒，一个主急性中毒，互相促进、相辅相成。而它们特别粗壮肥大的根，常被不明所以的人当作“大补”的“红参”误食。南宋华岳《上詹仲通县尉》诗曰：“簪花从帽落，捻酒醉商陆。”于

是，每年都会发生误食商陆中毒的悲剧。

俗语说“商陆子熟，杜鹃不哭”，指的是商陆的果实成熟时，杜鹃贪食便不会啼叫。商陆果实对人类有毒，但对于不少鸟类而言，这种臭烘烘的果实却是一种美味。花期过后，垂序商陆会结出扁球形的浆果。果实成熟后会变成紫黑色，味道极难闻，于是便没有人打这种臭果子的主意。鸟儿吃掉了商陆的果实，再把它们的种子带到远处，一旦遇到合适的机会，商陆便会生根发芽结果。

无论是吸引鸟类、种子萌发，还是适应城市恶劣环境，垂序商陆这种外来入侵植物都将本土商陆远远抛在了后面。垂序商陆有特别粗壮肥大的根，呈倒圆锥形，有时带紫红色，常常有不明所以的人把它当作“红参”。这种肥胖的根深深地扎在地底，哪怕植株的地上部分被铲除，只要根还在地底，它就还有生的机会。垂序商陆花白色微带红晕，总状花序顶生或侧生，花期时一朵朵小花就生长在花梗上。这种没有丰富色彩的小花朵形成的花序，很容易让人们忽视它的存在。

就这样，高大的垂序商陆就在成都市区扎下了根，甚至还把自己的势力范围悄悄地发展到了城市最繁华的商业中心。阳光下会有阴影，最繁华的地方也会有不为人关注的角落。

# 紫薇

沿浣花溪南岸下行，浣花溪水与南河交汇后，岸边有一处清静的绿地公园，名叫百花潭。九月初，公园沿南河岸边的绿地上，上百株紫薇还在盛开。透过紫薇花，可以望见南河对岸的散花楼。园内池塘边有一尊“浣花夫人”的塑像，浅浅的水塘漂荡的尽是紫薇落花。不远处，还有一株紫薇老桩，据说此树已逾百年，历经沧桑。

百花潭一带自古便是成都著名的郊游胜地，避乱成都隐居草堂的杜甫就曾经写下《狂夫》一诗：“万里桥西一草堂，百花

潭水即沧浪。”而陆游在多年后回忆起蜀中宦游生活，也曾动情地写下《山村道中思蜀》一诗：“偶为三游群玉府，遂妨重到百花潭。”

据传，浣花溪和百花潭最早得名于溪边的一池潭水。唐代，溪边住有一民女任氏，虽然家境贫寒，但她却生性善良。有一天，一位游方僧人不小心跌入粪窖，人人掩鼻而避时，任氏主动为他清洗污迹斑斑的袈裟。这时神迹显现，僧人的袈裟突然间金光灿烂，无数的鲜花应手而生，潭水水面百花齐放。于是，任氏所居的小溪被称为浣花溪，洗僧衣的这一池潭水便是百花潭。后来，任氏嫁与了高官崔旰为妻。遇成都兵乱，任氏带兵平定，保全成都百姓免遭兵祸涂炭，被封为冀国夫人，民间尊任氏为“浣花夫人”。

南宋马南宝《浣花溪》诗曰：“浣花溪边濯锦裳，百花满潭溪水香。”许多年后，因成都水系变迁，百花潭已泯灭于时光之中，但百花潭这个古老的地名却一直保留至今。比地名还要古老的是紫薇花的花名，紫薇是原产于中国的植物，很早便广植于宫廷、寺院与官署庭院之中。紫薇与“紫微”音相同，古人以紫微垣来指代帝王的居住之地，宫中多栽紫薇。

唐玄宗开元元年改中书省为紫微省，改中书令为紫微令，改中书侍郎为紫微郎。紫微省中遍植紫薇花，故又称紫薇省。在一个夏日沉闷的黄昏，大唐帝国首都长安紫微省中，独坐着一位百无聊赖的紫微郎白居易。他面对着庭院中寂寞开放的紫薇花，于是写下了一首《直中书省》：

丝纶阁下文章静，钟鼓楼中刻漏长。

独坐黄昏谁是伴，紫薇花对紫微郎。

自古以来，紫薇花一直相伴于我们的生活之中，可以说是我们最为熟悉和喜爱的植物之一。《广群芳谱》提到紫薇，字里行间难掩溢美之情：“一枝数颖，一颖数花，每微风至，夭娇颤动，舞燕惊鸿，未足为喻。”

花姿绚烂的紫薇花让人印象深刻的是6枚看上去皱巴巴的花瓣，《中国植物志》讲，紫薇的花瓣具“长爪”。在很长的时间里，我一直没有理解“爪”的意思，总觉得是在形容紫薇花张牙舞爪的样子。后来，我才慢慢理解，这个“长爪”指的是紫薇花每一个皱皱的花瓣基部都有一个长长尖尖的突起，这个花瓣基部突起的结构便被称为“爪”。紫薇花6枚离生的花瓣，便是通过这个又细又长的爪和花

萼相连。

紫薇略显张扬的气质，来自于它的雄蕊。如果我们仔细观察，会发现紫薇的雄蕊很多，有40多枚。中央的一堆雄蕊花药金黄发亮、极为醒目，外面另有6枚与众不同。它们比其他雄蕊长了许多，花药褐色，低调不引人注目。同一朵花的雄蕊在形态、大小、颜色乃至功能等方面，有着显著的区别。原来，在中央造型夸张的雄蕊都是一群“表演家”，目的是有效地吸引以视觉见长的传粉昆虫，并且为它们提供花粉作为食物。而其余不引人注目的6枚长长的雄蕊，才真正承担了传粉任务。这种异型雄蕊的结构，据说是达尔文最早进行观察和研究的。

紫薇树为我们带来的最大乐趣并不是“异型雄蕊”这样的小秘密，而是可以为它“挠痒痒”。童年时的我们总会轻轻地挠着紫薇光滑而扭曲的树干，很快，紫薇树从上到下都会摆动起来，感觉它很怕痒，难怪成都人会亲切地称它为“痒痒树”。多年以后，看到紫薇树时，我们的耳边还会回响起童年时那一串串的笑声。

在成都，紫薇从初夏就开始绽放，花开不断，花期会持续很长时间。闷热多雨的酷暑，在成都的大街小巷，处处都可以见到紫薇美丽的身影。可以说，紫薇花陪伴成都人度过了从夏到秋的时节。南宋杨万里曾写道：“谁道花无红十日，紫薇长放半年花。”因此，这怕挠痒痒的紫薇还有一个别称“百日红”。在这段时光中，紫薇掩映下的街巷，便成为这座城市最美的风景。

# 凤仙花

古人说“立秋之日凉风至”，立秋意味着凉爽的秋季的开始。对于成都人来讲，立秋之后，高温的天气还会持续很长时间。此时余暑未消，既有“秋老虎”频频发威，又有频繁降雨导致的湿气过重，立秋后依旧是“长夏”，依旧是又闷又热的“蒸笼天”。

闷湿的长夏季，四川大学内一处逼仄的老院落极不起眼的角落里，凤仙花悄悄地开放了，香红嫩绿间绽露出妖娆的芳姿。“良辰美景奈何天，赏心乐事谁家院？”见到它们清清爽爽的样子，似乎这恼人的天气都不再难耐。

对于成都人来说，凤仙花应该是童年最熟悉的植物了。夏末的时节，凤仙花就在房前屋后和大小院落里热热闹闹地开放着。“纤纤擢素手”，纤纤玉手岂能没有十指丹蔻的点缀？夏风习习的夜晚，爱美的成都女孩子采摘红色的凤仙花瓣，拌上少许明矾，放在碗内捣烂，然后敷在指甲上，再用叶片把手指头包好。隔夜指甲便染成红色，就像涂上了一层蔻丹。“纤纤素手，十指丹蔻”就是最早对于美甲的诠释。只是如今有了更为明亮鲜艳的指甲油，女孩子们已经对这种传统的可以染指甲的凤仙花十分陌生了。

青城山凤仙花





凤仙花也叫指甲花，是凤仙花科凤仙花属一年生草本植物。在各种花卉当中，不以色香诱人，仅凭姿容取胜的非凤仙花莫属了。唐朝吴仁璧《凤仙花》诗曰：“香红嫩绿正开时，冷蝶饥蜂两不知。此际最宜何处看，朝阳初上碧梧枝。”花朵妖娆“宛如飞凤，头翅尾足俱全”，花姿翩翩“欲羽化而登仙”，凤仙花正是得名于此。

立秋后，在成都西面青城后山潮湿阴幽的阔叶林下，一种有着浅粗锯齿椭圆形叶的凤仙花静静绽放。如果要用一个词来形容它，我觉得应当是“妖娆”。这种凤仙花叫青城山凤仙花，仅仅分布在邛崃山脉青城山一带。

如同特有的青城山凤仙花，许多凤仙花分布范围狭窄。凤仙花属是一个有着庞大成员的大家族，全世界已知的有1000多种。中国已知的有近300种，主要分布于西南部和西北部山区。这个以容貌悦人的大家族里的众多“姐妹”，都有着一触即炸的坏脾气。凤仙花属植物的果实是胶状肉质、会弹裂的蒴果，果实成熟时，如果路过的动物或人不小心碰上，种子会从肉质果荚裂片中猛然弹出，喷射到几米远的地方。难怪凤仙花的别名叫“急性子”，而凤仙花属*impatiens*拉丁属名的原意为急躁或没耐心。说来也巧，凤仙花的英文名恰好也是touch-me-not（“别摸我”）。

在数百种中国原生的凤仙花里，曾经我们最为熟悉和相伴于我们身边的，便是被称为指甲花的凤仙花。和居于山野之间、远离人类的那些“姐妹”不同，凤仙花非常适应中国南方城市炎热阴湿的环境。这种原产于印度的植物很早以前就进入中国，被我们的祖先栽培在院落之中用于观赏。

如今，这种传统凤仙花的身影在城市中越来越少，取代它们的是来自于异域、四季常开的非洲凤仙和新几内亚凤仙。这似乎正应了《牡丹亭》中的那句唱词：“原来姹紫嫣红开遍，似这般都付与断井颓垣。”不过，它们并没有真正消失，只是从城市大街小巷的园林绿地退回到了不为人注意的庭院角落。只要你有心，总能在这个季节，发现它们宛如飞凤的曼妙身影。

红稚凤仙花

非洲凤仙

# 假酸浆





桂溪东路临近锦江，连接着锦江边的顺锦路和新建的高铁大桥，道路内侧是高层住宅小区，外侧是紧靠高铁的绿地护坡。这一处不长的高铁绿地护坡上规整地铺上了草坪，并栽植了诸如广玉兰、海棠、杂交加杨等。

不过，这么大的一块绿地，人们总是难以精心照料。所以，竣工后没有多久，护坡草地上就冒出了各种各样的杂草。九月，在护坡高处一个无人注意的角落，几株躲藏在桥墩阴影下的假酸浆懒散随意地开出了浅蓝色的花朵。

没有人注意过它们什么时候悄悄地落户到了这块护坡绿地上，又悄悄地冒出头来扎下了根。假酸浆俯垂着花姿和钟状蓝色花冠，显得格外精致迷人。和身旁那些整齐划一的禾本科地被草坪植物相比，它们高大直立的身材、摇曳的花朵显得那么与众不同。

虽然已经是立秋以后，但天气依旧炎热，这个时候还是成都夏日最后的尾声。假酸浆的花期可以持续很长时间，从夏末到深秋。在这个城市一些不被人关注的角落，人们总能发现这种高大的茄科草本植物闲适地开出浅蓝色的花朵。中秋以后，它们还会结出一个个小灯笼般的果实，“灯笼”里藏着珠圆玉润的黄色球状浆果。

无论一个成都人是否熟悉假酸浆，但是他一定熟悉和喜欢一种成都小吃——冰粉。以前，成都的夏天既没有哈根达斯，也没有可口可乐，更没有那么多的甜品店。夏天来了，小朋友放学了就守到学校路边摊子，眼馋地盯着摊子上摆着的玻璃杯，上面盖着一块玻璃片，里面是五颜六色的甜糖水。后来，听说这些糖水都是小贩用色素加糖精勾兑的，虽然看上去十分诱人，但是喝下去却很不健康。

如今，早就不记得那些甜糖水的味道了，印象最深刻的还是冰粉。在那个年代，冰粉给成都人带来的夏日快意，并不逊于哈根达斯。一碗冰粉加入红糖水，用勺子搅一搅，舀到嘴巴里，咕噜咕噜喝下去，香甜冰爽，真是一肚皮的安逸。

后来觉得不过瘾，干脆自己动手。那个时候卖干杂的铺子，基本上都卖冰粉籽。只需花很少的钱，买上一点，就能做出一大盆冰粉，全家都可以吃个爽。

据说，冰粉始于明清时期的四川武阳，这就是今天的四川彭山县。最初，冰粉仅在彭山县内贩卖，后来逐渐传到周边市县，到了清朝中期就传遍四川全境了，现在已经传遍全国。如今已经有即冲即兑、粉末状的冰粉，所以用冰粉籽搓冰粉的人越来越少。

一直到今天，作为夏天的一道美食，美味消暑的冰粉还是备受成都人的青睐。只是很多人不知道，用来做冰粉的原料冰粉籽其实是一种开着美丽花朵的植物的种子。这种植物并不是原产中国，它还有个名字便是假酸浆。

假酸浆是茄科假酸浆属在中国逸生的物种，原产秘鲁。早在明末，它就和马铃薯、红薯一起随着大航海时代的航船漂洋过海来到中国。假酸浆生长在阳光充足的田坎、路旁、沟边，生长优势非常明显，对土壤要求不高，自播繁殖能力极强。它有非常强大的适应能力，不受周围植物的影响，尤其是在干旱地区能大量生长。所以现在它早已逸生为野物，在大江南北随处可见。

小心地从假酸浆宿存萼片包裹的黄色球状浆果中，取出非常小且扁平的褐色种子。用手帕包着一小堆，放在清水里搓揉，用石灰水点一点后静置，不多时即成水晶果冻状。然后加红糖水，即成可口美味的冰粉。

不知从什么时候起，市场上出现了一种“海藻面膜”。在各种各样的宣传攻势下，海藻面膜“攻陷”了不少成都美女的钱包。尽管听上去海藻面膜是用从大海中的海藻提炼出来的某种精华制成的美容面膜，但是，这些海藻面膜里并没有什么海藻，而是用假酸浆的种子制成的。假酸浆的种子里含有大量的果胶成分，果胶是一种多糖，溶于水也易吸水。溶解在水中的果胶会变成像果冻一样的形状，这种果冻加糖就是冰粉，敷在脸上就是海藻面膜了。

# 栾树

芳邻路与南河浣花溪毗邻，在老成都人的记忆中，这条路最大的特色是它所代表的悠闲成都的酒吧文化。在不太长的街道边上，林立着风格迥异的大小酒吧。在许多人看来，白天的芳邻路并没有什么特色，似乎还在睡意之中。因为此时所有的闲适和冷清，都在为夜晚的灯红酒绿积蓄力量。

芳邻路在白天显得很冷清，宽阔的街道上行人和车辆稀少，街道两侧栽种着笔挺高大的栾树。在这个季节，栾树金黄色的果实正逐渐变红，树冠上结出了一串串"红灯笼"。如果推选成都最不能错过的、最具文艺情怀的小街，以酒吧文化为代表的芳邻路一定会名列其中。但在我的眼中，芳邻路的美不在夜晚的灯红酒绿，而是在初秋的清爽的空气中，五色栾华掩映下这条安静的街道丰富变幻的色彩。

九月，几场雨后，成都就从闷湿的酷暑进入到凉爽的秋天。似乎一夜之间，整个城市的色彩突然变得丰富和厚重，而带来这种色彩变化的正是栾树。走在冷清的街道上，街面上总会有一大片如黄金细雨洒落的细碎栾花让你不忍踩踏，而树梢上还有不少花枝仍然开着密密的金黄色的小花。走在街道上，你会感觉到栾树掩映下的城市是极美的。

栾树是无患子科栾属的落叶乔木，是中国传统的乡土树种。《山海经·大荒南经》记载："大荒之中，有山名죽涂之山，青水穷焉。

有云雨之山，有木名曰栾。禹攻云雨，有赤石焉生栾，黄本，赤枝，青叶，群帝焉取药。”这大禹眼中从大荒云雨之山赤石上生出的栾树，还有一个精致的别名，叫黄金雨树。

在初秋栾树落花的时节，满地遍洒黄金雨，这个树名真是极为形象。唐代张说在长安秋光中的五色栾华下，在遍地的黄金雨中，写下了充满豪情的诗文：

风高大夫树，露下将军药。
待闻出塞还，丹青上麟阁。

这大夫树便是栾树。东汉班固《白虎通义》卷十记载：“天子坟高三仞，树以松；诸侯半之，树以柏；大夫八尺，树以栾；士四尺，树以槐；庶人无坟，树以杨柳。”从皇帝到平民的墓地用树种分出了等级，墓地分别栽种不同的树以彰显墓主人的身份。士大夫的墓地多栽栾树，栾树便成为士大夫的象征。

栾树的英文名是China tree（“中国树”）。据说，早在200多年以前，栾树便被引入美国，从此被广泛地运用于园林之中。于是，栾树成为全球流行的景观树之一。

栾属的植物物种并不太多，按照《中国植物志》，全世界一共只有5种，而产于中国的就有4种。这其中，栾树和复羽叶栾树是四川最常见的乡土植物之一，如今在成都街头也常能看见。前者的叶通常为一回羽状复叶，蒴果顶端尖尖的；而后者为二回羽状复叶，蒴果的顶端通常是圆润的。成都街道栽植最多的栾树，是全缘叶栾树，也称黄山栾，是复羽叶栾树的园林栽培品种。如今它是成都最重要的行道树种之一，遍植于成都的大街小巷。和叶缘有齿的复羽叶栾树略有不同的是，它的小叶通常是全缘的。无论如何，栾属的树都有着互生的一回或二回奇数羽状复叶，顶生大型的聚伞圆锥花序，开着黄金雨一般的黄色细碎的小花。在我的眼中，抛开那些大同小异，它们都是同样美丽的栾树。





栾树总会在闷热多雨的酷暑时节开花，金黄色的花朵细细碎碎，在枝头大簇大簇地挤在一起，在浓密的绿叶间形成一个个金色花序。它们此起彼伏地开放，一直会延续到九月。一场秋雨过后，树下便是一地的细碎金黄。花期后，栾树会结出一串串像灯笼一样的金黄色蒴果。随着时间推移，栾果渐渐变红，一串串摇曳于成都

的金色秋光之中。这时候偶尔还能发现，一些栾树的枝头仍然还有几枝懒散的花序，在累累果实间，不急不缓地开出碎碎念的黄色小花。

中秋过后，栾树的果实成熟了，满街的树冠上都是一大片的橙红色。栾树的果实形如小灯笼，所以民间又常称其为灯笼树，果实便是灯笼果。剥开灯笼果三瓣合起来的红色果苞，里面有几颗镶有白心的黑色种子。它们静静地安睡在每个果瓣的基部，一个个珠圆玉润，一派安逸祥和。

初冬的时候，栾树树叶渐渐枯黄零落，芳邻路上曾经在金秋阳光下变幻着色彩的串串小灯笼已是容颜衰败。这个时候，光秃秃的枝干上还有许多枯黄的蒴果在孤零零地摇摆。一场冷雨之后，在北方寒流的侵袭下，当你抬头看到萧瑟寒风中簌簌作响的灯笼果时，你便会更加怀念金秋时成都芳邻路斑斓绚丽的色彩。

# 紫娇花

九月，位于城东南白鹭湾湿地的湖岸边，成片的紫娇花正在开放。不远处湿地水波荡漾，湖水曲折回环，成群白鹭在高大的芦苇丛中翩翩飞舞。近年来，成都中心城区被新建的人工生态湿地所环绕，位于城市东南有近千亩水面的白鹭湾湿地正是其中之一。

紫娇花初放在成都的初夏，每年六月的时候，就能看到它们直立的花葶上开出粉紫色的花朵。它们的花期极长，从初夏到深秋，都能在公园中见到它们成片开放。紫娇花每一个花葶顶生的伞形花序，有十余朵清新雅致的紫色小花，每一朵小花有6个窄窄的粉紫色花瓣。这种柔美的粉紫会给人以清凉之感，花朵星星点点，优雅迷人。远远看上去，成片栽植在一起的紫娇花，如同一片梦幻的紫色云雾。

紫娇花虽美，却有着极为浓郁的韭菜和大蒜混合而成的难闻气味，于是，人们对它们的态度总是远观多于亲近。在夏季，许多敏感的人会对这种气味感觉不适，心中总怀疑这娇俏的花儿是不是有毒，所以总是对它们敬而远之。其实，紫娇花也可以食用，据称味如韭菜和葱蒜，所以它又名洋韭菜、野蒜、蒜味草。知道这些的我虽然心心念念了许久，最终还是没有敢于去尝试。

紫娇花总被成片地栽植于湿地公园和河边绿地。人们在白鹭湾、锦城湖、青龙湖，都能发现它们紫色云霞般的花朵。在各个湿地公园常见的紫娇花，却不是来自中国的本土物种。这种石蒜科多年生的外

来草本植物原产于非洲南部，是非洲向世界园林贡献的一种花卉。紫娇花走出非洲后，很快成为全世界园林园艺最常见的球根类花卉之一。除了花姿优美以外，紫娇花对环境的适应能力非常强。它们的花期很长，在中国南方，紫娇花的花期可以从五月下旬一直延续半年之久。花期过后，紫娇花会结出三角形的蒴果，果实成熟开裂后，可以看到扁平硬实的黑色种子。秋季采收种子，贮藏到翌年春天又可以播种繁殖。

自古，成都便是一座有水、有河、有湿地的城，锦江、城市内河道、湖泊和湿地相连。光阴荏苒，曾几何时，湿地河流纵横的成都一度风光不再。今天，随着环城生态圈的建设，我们的城市重新引入了湿地。水岸边的绿荫下有了各种异域的花，城市又有了灵气和诗意。无论是李白杜甫，还是苏轼陆游，如果他们见到这充满了诗意的紫娇花，想必一定也会为这种可爱的小花写下动人的诗句。可惜今天环绕成都的人工湿地早已不再是古代成都充满野趣的自然湿地了，在水岸边欣欣向荣的大多是有着极强适应能力的外来物种，它们取代了众多乡土植物。

在城市湿地公园的水岸湖边，追忆着诗人们描绘成都湿地的水色时光的诗篇，眼前一大片紫色如梦如幻。只是我们毕竟还是失去了某些东西，只能依靠想象去怀念那些诗人眼中有着自然湿地、湖泊、河流与无数乡土植物的诗意成都了。

# 桂花





桂花巷是成都市中心闹市区一条极为安静的小街，小街的一头连接着车水马龙的长顺街，穿过长顺街，就是成都著名的景点——宽窄巷子。和热闹的宽窄巷子相比，这条位于闹市区的小街总是行人寥寥，车辆稀少，分外冷清。

在清代这条街道称丹桂胡同，位于城中心的满城，是八旗子弟居住之所。因满城地处战国时秦国张仪修建的成都少城遗址，所以也称少城。丹桂胡同便是少城33条八旗子弟居住的兵丁胡同之一。

今天的桂花巷是一条生活气息极为浓郁的小街，不到千米的街道两边栽满了桂花树，街道没有什么现代时尚的气息，两侧多是修建于20世纪的灰蒙蒙的多层水泥楼。平常，人们很少注意到这条街道。月近中秋，“桂子月中落，天香云外飘”，空气中处处弥漫着桂花浓郁香甜的气味。每个经过桂花巷的人，都会驻足停留。

桂花巷的桂花多为丹桂和金桂，不知最早何时栽下，有的年代已经很久远。在高大的桂花树下，有着各种各样的小茶馆、小食摊，老街坊们在街边棋牌麻将中消磨着时光。虽说小街连接着城市的两条繁忙的主干道东城根街和长顺街，但只要进入了桂花巷中，看着街道两旁郁郁葱葱的桂花树，闻着空气中桂花香甜的气息，这一瞬间，仿佛隔绝了浮华喧嚣，连时光都变得分外舒缓。

无论是丹桂胡同还是后来的桂花巷，都得名于桂花树。桂花来自于木犀科木犀属，在《中国植物志》中，桂花的植物正名便是木犀。桂花是原产于中国西南的乡土植物，因其叶脉形如“圭”字而被称为桂、圭木等，又因其木纹理如犀因此得名木犀。

木犀属植物大约有30余种，绝大多数都生活在我国，其中有一种叫野桂花。唐代王维有一首山水诗《鸟鸣涧》：

人闲桂花落，夜静春山空。
月出惊山鸟，时鸣春涧中。

很多年来，我一直奇怪，明明是八月桂花香，这春天的山涧怎么会有桂花落下？直到有一年的四月，穿行在成都西面川西群山的幽林间时，一树野桂花洁白如雪的花瓣从我们的头上轻轻地落下，山野里尽是桂花的清甜气息，这才发现，古人诚不欺我，这花瓣洁白似雪的野桂花是春天开的。

木犀属植物的花都具有令人愉悦的芳香气味，如今山野中的野桂花已是数量稀少，芳踪难觅。在各种木犀属植物中，最为我们熟悉的便是秋天开放的桂花了。据说，中国人栽培桂花的历史长达2500年以上。成书于秦汉年间的《尔雅》便有这样的记载："桂树也，一名木犀。花淡白，其淡红者谓之丹桂，黄花者能子。从生岩岭间。"很早以前，古人便因桂花或淡白或淡红或黄的花色，将它们分为不同的品种。明代李时珍在《本草纲目》中记载："其花白者名银桂，黄者名金桂，红者为丹桂。有秋花者，春花者，四季花者，逐月花者。"

中秋时节，桂花绽放，花香馥郁远溢，令人陶醉。《吕氏春秋》曰："物之美者，招摇之桂。"桂花的聚伞花序簇生于叶腋，小小的花序色黄如金，花小如粟，叶下茸金繁蕊，别是清妍风致，于是又称桂花为"金粟"。自古以来，人们便用桂花来形容道德高尚的君子。汉武帝曾经问东方朔：孔子和颜渊孰之德为最？东方朔回答：颜渊之德若一山之桂，独自芳香，孔子之德若春风浩荡，万物受其化育熏陶。

明代杨慎十分喜爱桂花，无论是熏陶万物还是独自芳香，作为一名儒者，他都没有逃避过。1507年（明武宗正德二年）的春天，此前一直在京师随父杨廷和游历的杨慎回到了家乡新都，在成都府参加了当年的科举会试，一举夺得头名。1511年，杨慎在京师以殿试第一高中状元，那时他不过24岁。秋闱大比正好在桂花开的八月，所以，中举也称为"折桂"。杨慎来自书香门第的显宦之家，高中状元后，他在居住的卫湖边亲手栽植桂花树，并改卫湖名为桂湖。这一番"蟾宫折桂"的经历，使年轻的杨慎对未来充满了更为高远的抱负。

在一个月华如练的秋夜，离成都城北十余里的新都县桂湖之滨，一门三进士的杨家榴阁，高中状元的杨慎将一束芬芳的桂花戴在了蜀中才女黄峨的头上。此时此刻的杨慎心中满是迎娶佳人的喜悦，于是写下了一首《鹧鸪天》：

宝树林中碧玉凉，西风又送木犀黄。

开成金粟枝枝重，插上乌云朵朵香。

桂湖之畔黄峨与杨慎亲手栽下的桂花树，见证了他们的坚贞爱情。独守在桂湖榴阁的黄峨望着明月之中的桂影，思念着远在千里之外的杨慎。“滚滚长江东逝水，浪花淘尽英雄。”要做一个为人景仰、坚持信念的谦谦君子，并不是那么容易。经过了30多年的滇南流放，在云南永昌卫戍所孤独的月光下，独坐在满地落花的桂花树前的杨慎，回首一生，才会惊觉当年在桂湖边的桂花树下，携手心爱的人的那一段甜蜜的光阴，才是自己这一生中最为快意的时光。

# 柳树

成都老东门，顺锦江而下，毗邻望江楼公园，有一座九孔的仿古石拱桥，成都人称它为新九眼桥。时间渐入深秋，成都街巷之间的落叶树种的树叶已开始渐渐变黄，而锦江岸边的柳树依旧青翠。垂柳掩映下的石桥格外柔美，杨柳依依的锦江堤岸分外宁静。

如果要在成都众多的树木中，评选一个能够代表成都四季物候的乡土树种，想必柳树能够入选。这并非是因为它的花有多好看，相反，柳树微小的花实在是普通至极，无数的小花形成一个个像毛毛虫一样的葇荑花序。杨柳科几乎都是花单性的雌雄异株植物，无论雌雄，它们的花都没有花被只有一个鳞片，很难让人一见倾心。

柳树能成为成都四季物候的代表，是因为它对成都季节的变化极其敏感。立春以后，当其他落叶乔木还在沉睡时，锦江岸边的柳树树梢就悄悄地冒出了嫩柳芽。紧接着，二月春风中，它们很快垂下了万条绿丝绦。阳春三月，柔柔轻风中锦江两岸又是柳丝如烟。到了暮春时节，街头又飘起漫天恼人的柳絮。盛夏，柳树更加枝繁叶茂，浓密的柳荫为行人带来一丝清凉。深秋的时节，柳叶开始渐渐变黄、随风飘落。入冬以后，无边落木萧萧下，柳树变得稀疏萧瑟。在最冷的冬日，全身光秃秃的柳树进入了休眠的状态，静静地等待着下一个春天的召唤。

成都平原自古河道众多，为了固水，蜀人很早以前便开始栽植柳树。4000多年前，古蜀国的鱼凫王定都于今天的成都温江一带，他在此地广植柳树，将建造的王城叫作“柳城”。一直到今天，温江还有“柳城”之称。《诗经·小雅·采薇》：“昔我往矣，杨柳依依。今我来思，雨雪霏霏。”哪怕远隔万水千山，仪态万千的柳树总是寄托着成都人对家园的思念。在许多成都人的眼中，锦江岸边，柳树舒展的树冠和低垂的柳条已经成为这个城市不可磨灭的风景记忆。

“分别总是在九月，回忆是思念的愁，深秋嫩绿的垂柳，亲吻着我额头……”不知道什么时候起，这首歌风靡了大江南北。自新九眼桥沿锦江溯江而上两公里处的一环路，锦江之上另有一座叫九眼桥的同名大桥。华灯初上的时候，一位流浪艺人在桥头弹唱起这首《成都》……

无论是仿古的新九眼桥还是今天的九眼桥，都已不是锦江上那座古老的石桥了。在今天九眼桥的位置，曾有一座锦江上最大的石拱桥。这座桥始建于明万历年间，初称宏济桥，后又更名为锁江桥或镇江桥。成都民间因此石桥有九孔，于是皆唤作九眼桥。

陆游《晓过万里桥》诗曰：“晓出锦江边，长桥柳带烟。”很早以前，九眼桥曾经如长虹卧波般横跨锦江，九眼石桥和两岸如烟柳色已成为老成都的象征和记忆。九眼桥一带，自古便建有水码头。古时候

长途远行，沿水路行船是最舒适便捷的方式。从九眼桥水码头顺江而下，可以直抵乐山、宜宾和重庆。于是，离开成都远行的人，总会从这里搭船启程，所以这里很自然地成为成都人迎来送往之地。

1177年（南宋孝宗淳熙四年）6月，时任成都知府的范成大奉召还朝。范成大从东门锦江上船，随船相送的有好友陆游。船沿锦江顺流而下，陆游这一送，水路百里，一直送到了眉州中岩。然后一行人又登岸在江边流连了十余日，方才挥泪而别。范成大这一去便是东吴之地万里之遥，一生挚友终于天各一方。留守四川的陆游站在岷江岸边，望着故人乘船渐渐远去。立于船头的范成大手持一枝柳条，用力地向岸边挥舞，陆游的身影也终于渐渐模糊。

隋朝无名氏的《送别诗》曰："杨柳青青着地垂，杨花漫漫搅天飞。柳条折尽花飞尽，借问行人归不归？""柳"和"留"谐音相通，所以折柳赠柳，成为分别时的一种习俗。古人离别时，总是用赠柳来表达依依不舍的挽留之意。折一枝柳，无论是思乡还是离愁，江边的送别总是触动着真性情。

说起折柳，不得不提起晚唐时一个叫雍陶的成都才子。有一年，

他在雅州（今四川雅安）做刺史时，路过一处叫“情尽桥”的地方。这里和长安的灞桥一样，是一个送别之地。雍陶见到这个桥的名字后，便笑言：“明明分别只有情难尽，为什么要取名叫情尽呢？”于是，雍陶大笔一挥，将“情尽桥”改名“折柳桥”，并题诗一首《题情尽桥》：

从来只有情难尽，何事名为情尽桥？
自此改名为折柳，任他离恨一条条。

无论是长亭、桥头还是江岸，只要有离别，就有难尽的情意和绵绵的离恨，也就总会有一个折柳赠别的地方。在成都，在过去，九眼桥便是这样的所在。这里曾经上演了一幕幕迎来送往的悲喜，折一枝柳，远行人至此登舟上船，在荡漾的粼粼波光中，从容地挥手自兹去，一路顺江远行，离开了这座繁花似锦的城市。

星移斗转，无论是古老的九眼桥还是九眼桥水码头，都已随着时光消逝于历史长河之中。九眼桥畔的夜色中，一环路上车水马龙，九眼桥头路人行色匆匆，两岸灯红酒绿，耳边传来了流浪艺人的弹唱。虽然深秋中的锦江两岸依旧是柳色如烟，只是分别时再没有人折柳相赠了。

# 梧桐

城南的锦江江边，有一条安静的小街，名叫濯锦路。路上成排的行道树是成都并不太多用的梧桐。濯锦路街道很新，街名却显得极雅。三国时蜀汉人谯周《益州志》说："成都织锦既成，濯于江水。"成都所产蜀锦需用锦江之水来洗涤，这才称得上濯锦。唐人刘禹锡曾写下《浪淘沙》一诗：

濯锦江边两岸花，春风吹浪正淘沙。
女郎剪下鸳鸯锦，将向中流匹晚霞。

八月的成都多雨，一日之间，气候多变。常常中午还是大雨倾盆，到了傍晚，又是风轻云淡的景致。锦江水顺江南下，两岸郁郁葱葱，放眼都是青翠，似以两岸天地为锦缎濯于江水。这锦缎上最为青翠亮丽的色彩，就来自濯锦路上的一排梧桐。被雨水润湿后的梧桐树格外清爽，水珠顺着硕大的叶面滴落，正所谓"一株青玉立，千叶绿云委"。

这个时节，在梧桐树巨大的掌状心形叶片之间，出现了一串串像小瓢一样的青绿果实。在每一个小瓢边上，还有2～4颗圆圆的种子。民间将梧桐的果实称为"瓢儿果"，小瓢是梧桐蓇葖果的果皮，膜质叶型。随着时间渐渐成熟的果实会沿一条缝线裂开，露出里面圆球形的表面有褶皱的种子。

在过去，这种似豌豆一般大小的梧桐子也算一种美味。"人收炒

食，味如菱芡。”古人常以梧桐子与茶叶同用沸水泡饮，称为“注茶”或“沏茶”，也称“点茶”。梧桐子还可炒食或榨油食用，曾经是许多人童年难以忘怀的快乐记忆。不过到了今天，别说梧桐子，人们就连梧桐树都陌生起来。

晋人郭璞《梧桐赞》曰：“桐实嘉木，凤凰所栖。”古人把梧桐视为一种吉祥的树木。《诗经·大雅·卷阿》中说：“凤凰鸣矣，于彼高岗。梧桐生矣，于彼朝阳。”《庄子·秋水篇》中说：“夫鹓雏，发于南海而飞于北海，非梧桐不止，非练实不食，非醴泉不饮。”凤凰从南海飞到北海，只有遇到梧桐树才落下栖息。可见，梧桐是极高贵的树木。明代文震亨《长物志》记载：“青桐有佳荫，株绿如翠玉，宜种广庭中。”梧桐树姿优美，树皮青绿光滑，是我国传统的优良庭荫树种，古人常栽植于庭前、窗前、大门旁。宋人徐积《华州太守花园》曰：

南园花谢北园开，红拂栏干翠拂苔。

却是梧桐且栽取，丹山相次凤凰来。

早在六月中旬，路上成排的梧桐树便开花了，数十朵淡黄色的小花组成了一个有许多分枝的顶生的圆锥花序。小街安静，行人很少，很难有人注意到梧桐细密又不太起眼的花序。甚至很少有人知道，街道上这一排行道树是“神鸟”凤凰栖息的梧桐。

梧桐的花呈淡黄绿色，分为雌花和雄花。和其他常见的花朵不同，梧桐的花没有花瓣。每一朵小花的花萼5深裂至基部，萼片条形，向外卷曲，外面被淡黄色短柔毛。虽说和梧桐树亭亭玉立的身姿相比，没有花瓣的梧桐花的确有些不太起眼，不过，在初夏的时候，“砌下梧桐叶正齐，花繁雨后压枝低”，一树梧桐花在雨后开放也别具风情。

南宋周紫芝《鹧鸪天·一点残红欲尽时》：“梧桐叶上三更雨，叶叶声声是别离。”梧桐有着巨大的掌状心形叶片，这是一种单叶，叶片3～5裂，基部心形，叶片基生叶脉共7条，叶柄与叶片等长。由于叶片很大，每当遇风遇雨时，雨打梧桐的响声便显得分外清晰。不同心境的人听到它的声音会产生不同的感受，于是，“梧桐夜雨”成为历代文人雅士吟咏抒怀的常见题材。梧桐树是一种落叶乔木，又常栽植于古人庭院门前。五代南唐后主李煜《相见欢·无言独上西楼》词曰：“无言独上西楼，月如钩。寂寞梧桐深院锁清秋。”每当深秋来临，无边秋色中，梧桐树叶枯萎发黄，随风雨零落，正如李白《秋登宣城谢朓北楼》所说“人烟寒橘柚，秋色老梧桐”。这种迟暮之情和凄凉心境，也常常出现在古人的字里行间。

锦江之畔，成都望江楼公园薛涛井前，有一株枝繁叶茂的梧桐树，是为了纪念唐代才女薛涛所栽。据说，薛涛8岁时，其父薛郧曾以“咏梧桐”为题，吟了两句诗“庭除一古桐，耸干入云中”，薛涛应声即对“枝迎南北鸟，叶送往来风”。薛郧对女儿的才思敏捷无比惊奇，但女儿所对的句子却让他心底总有一种隐隐的不安。许多年以后，秋色老梧桐往事难追，凉风洗修竹佳人何在？命运是如此荒谬和无常，锦江之畔再也无人倾听薛涛孤独的吟诵。这一年深秋之后，当最后一片梧桐叶悄然落下，就只剩下干裂的瓢儿果还在枝头孤零零地随风摇荡了。

梧桐的雌花序

干裂的“瓢儿果”

中華民國二年
川路總公司建

## 霜天秋色

十一月的金秋，透过沙河河边遮天蔽日的法国梧桐树在阳光下斑点迷离的光影，注视着它们沧桑斑驳层层剥落的树皮，我们似乎更能够感受到这座城市的古老厚重的呼吸声。它似乎是在告诉我们，大自然的四季本就是循环往复的。成都深秋的季节里，芙蓉花最为常见。成都被称为锦城，也被称为蓉城，锦是锦缎，蓉是芙蓉，芙蓉花更是成都的市花。所有的成都人都对芙蓉花怀有真挚的情感，只要有芙蓉花开的地方便会想起家乡。

# 芙蓉花





十一月初，成都满城芙蓉花盛开。成都被称为锦城，也被称为蓉城，锦是锦缎，蓉是芙蓉，芙蓉花更是成都的市花。所有的成都人都对金秋开放的芙蓉花怀有真挚的情感，看到芙蓉花开便会想起家乡。

五代后蜀皇帝孟昶作为一国之君，十分宠爱自己的慧妃花蕊夫人。这位精通诗词、聪慧美貌的女子，深深喜爱秋芙蓉的醉人之姿。孟昶为讨花蕊夫人欢心，颁发诏令在成都城头尽种芙蓉。秋间芙蓉盛开，沿城四十里，蔚若锦绣。他说："群臣曰自古以蜀为锦城，今日观之，真锦城也。"自此以后，历代的成都城墙之上都广植芙蓉花，芙蓉城也成为成都的别称。嘉庆年间《华阳县志》称成都："楼观壮丽，城堑完固，冠于西南。"如今古城墙与城楼早已不复存在，再也难现成都城头芙蓉花叠锦堆霞的盛景，殊为可惜。

十一月的金秋，北较场武担山古城墙遗址下府河边的绿地上，芙蓉花开得无比娇艳，只是城头上没有了芙蓉花的身影。武担山地处成都老城西北的北较场内，西晋陈寿《三国志》记载刘备在武担山南设坛称帝，国号汉，年号章武，定都成都，史称蜀汉。北较场古城墙建于明清时期，城头遍种芙蓉，间植桃柳。如今这里尚存一段不足300米的城墙遗迹，也是成都最后一段关于芙蓉城的记忆。

在传说中，芙蓉城是仙人的居所，芙蓉是仙人手中的花。李白曾写《庐山谣寄卢侍御虚舟》一诗："遥见仙人彩云里，手把芙蓉朝玉京。"道家传说，元始天尊居玉京山，其山在诸天之上，山顶巅峰有金、玉、宝石雕琢而成的玉虚宫。诗仙李白在一种如梦如幻的氛围中，见到了面朝玉京、手持芙蓉的仙人。他在《古风·其十九》中写道："素手把芙蓉，虚步蹑太清。……邀我登云台，高揖卫叔卿。"据晋代葛洪《神仙传》卷二记载："卫叔卿者，中山人也。服云母得仙。汉元凤二年八月壬辰，武帝闲居殿上，忽有一人，乘浮云驾白鹿集于殿前，武帝惊问之为谁。曰：'我中山卫叔卿也。'"

古人文字中的芙蓉指向两种植物，一种就是我们今天所说的芙蓉花，也称木芙蓉，另一种是莲，也称荷花。无论是芙蓉还是荷花，均深受古人的喜爱，也留下了无数传说。北宋大学士石延年，字曼卿，为人磊落英才，豪放旷达，不拘礼法。北宋欧阳修《六一诗话》记载："曼卿卒后，其故人有见之者，云恍惚如梦中，言：'我今为鬼

仙也，所主芙蓉城。’欲呼故人往游，不得，忿然骑一素骡去如飞。”在这场恍然若梦的仙遇中，石曼卿已经成为仙境里开满芙蓉花的芙蓉城主了。

木芙蓉是原产于中国的植物，古人常常用它来表达对高洁之士尤其是女性的赞赏。传说中，木芙蓉是白帝宫中管辖秋花之神。《红楼梦》第78回“老学士闲征诡画词 痴公子杜撰芙蓉诔”中，贾宝玉祭悼晴雯，写下了一篇千古流芳的《芙蓉女儿诔》，将晴雯比作“白帝宫中抚司秋艳芙蓉女儿”。

古人也称木芙蓉为木莲，因其花“艳如荷花”而得名。木芙蓉是锦葵科木槿属的落叶灌木，花单生于枝端叶腋间，开于霜降之后。花初开时白色或淡红色，后变为深红色。有的品种

的花色可以在一日之中，从粉白、粉红变为深红。因花朵一日三变其色，故名醉芙蓉、三醉花、三醉芙蓉。花期过后，芙蓉花会结出扁球形蒴果，蒴果上密被淡黄色刚毛和绵毛，果实成熟后会自然开裂成5片。从开裂的果实中，可以看到背面有着长长柔毛的肾形种子。

芙蓉花是秋十月之花，不畏寒霜，傲然开放，繁花朵朵盛开于枝头，与绿叶相互掩映。据称，芙蓉有二妙：美在照水，德在拒霜。芙蓉花性喜近水，以栽种于池旁水畔最为适宜。水影花颜虚实有致，故有“照水芙蓉”之称。

残唐五代乱世，地处西南的蜀地偏安一隅，躲过了中原战火，依然是一方盛世天堂。四十里芙蓉城繁华如锦，后蜀皇帝孟昶还曾用芙蓉的花染缯为帐，取名为芙蓉帐，在丝竹管弦、吟风弄月中安享着太平。

和南唐后主李煜一样，孟昶本也算是一位才华横溢的诗人。然而，生于帝王之家的他们，终究难逃后世史家笔下“好声色”“亡国之君”的评价。964年（北宋太祖乾德二年），心怀一统天下壮志的宋太祖赵匡胤伐蜀。后蜀14万守军和高大壮丽的锦绣芙蓉城却难敌数万宋国虎贲之师，次年（965年），孟昶选择了投降，到达北宋京师汴梁（今河南开封）7日后便暴毙。这一日，宋太祖在饮宴中令花蕊夫人以蜀亡为题即席作诗一首。于是，花蕊夫人起身吟诵《述亡国诗》一首：“君王城上竖降旗，妾在深宫那得知？十四万人齐解甲，更无一个是男儿！”

# 菊花





“重阳日，菊花开”，成都重阳赏菊的民俗由来已久。南宋丞相京镗曾任成都知府，在成都生活过四年的时间。他在诗词中记载，重阳节这一天是成都玉局观药市开市的日子，许多成都人都会来这里一游以求消灾避难。到了晚上，成都知府还会在玉局观道观中宴请同僚，共饮菊花酒。

唐人杜牧《九日齐山登高》诗曰：“尘世难逢开口笑，菊花须插满头归。”古代重阳这一天，女孩子还会精心挑选新鲜的菊花戴在头上以避瘟病。这个时候，菊花的品种和色彩也开始丰富起来。南宋时，做过成都知府的诗人范成大，就曾写过一本《菊谱》。《菊谱》记载有35个品种，书中自序称：“凡黄者十六种，白者十五种，杂色四种……”

今天，菊花已有数万品种，具有极大的多样性。这些观赏菊花都是从不起眼的野生菊属植物一代代选育出来的。《礼记·月令篇》说：“季秋之月，鞠有黄华。”古人提到的黄华是一种黄色的野菊花，在季秋时（秋季的最后一个月，农历九月）盛放。古人发现，这种小小的黄色的野菊花可以食用和药用。《神农本草经》里讲“菊花久服能轻身延年”，屈原《离骚》也有“朝饮木兰之坠露兮，夕餐秋菊之落英”的诗句。

这种黄色的小菊花，名字就叫野菊。今天我们仍然能够在深秋季节成都周边西南山地的山野中，见到它的明亮的黄色身影。野菊是菊科菊属植物，在中国广泛分布。诸多研究和证据表明，野菊是今天有着极大多样性的观赏菊花最原始、最重要的亲本。

古人很早以前便开始栽培野菊花，除了药用和食用，也用于观赏。就这样，在古人有意识的培育下，药用的药菊和用于观赏的艺菊都逐渐发展起来，观赏菊花的品种也变得越来越多。晋代诗人陶渊明就对菊花情有独钟，在庭院前后遍植。其诗《饮酒・其五》曰："采菊东篱下，悠然见南山。"自陶渊明引领赏菊之雅后，后世更是蔚然成风。每至九月初九的重阳日，民间还有登山、佩茱萸、饮菊花酒、赏菊的民俗。

望江楼是成都的文化圣地，自晚唐起，每到重阳日，成都的文人墨客多相约于此登高望远，一边赏菊，一边以诗会友凭吊古今。此楼是隐居于城东锦江之畔碧鸡坊、一身灰色道袍的薛涛，在这座城市留

野菊

下的印迹。

809年（唐宪宗元和四年），元稹来到了成都，见到了比他大11岁的薛涛。元稹被薛涛的才华深深地吸引，两人携手共同度过了一生中最为快乐的时光。锦江的江水见证过他们那一段刻骨铭心而又短暂的爱情。

元稹是才子是诗人，更是一个懂得投机的政治家，和薛涛的姐弟恋注定是一场没有结果的梦。只是对于薛涛而言，梦碎了便难重圆，万种风情终究化为伤心分离的结局。不久后，元稹因一纸调令，独自离开了成都。元稹曾作《菊花》一首：“不是花中偏爱菊，此花开尽更无花。”又是一年芙蓉映水菊花黄的季节，满目秋光中岁月匆匆而逝。许多年后的深秋，望着庭中的菊花，也许只在那一瞬，元稹想起了薛涛，想起了成都，想起了那一年深秋大雁飞过菊花满头的离别泪光。

对成都人而言，赏菊还有着另一层意义。每年重阳节前后，人民公园都会举办一年一度的成都菊花展。这个时候，数百个菊花品种汇聚一堂，数万盆菊花齐齐绽放，各种各样的菊花主题景点争奇斗艳。这也是成都的传统盛会和节日，公园内人流如潮、热闹非凡。

公园西北角高大的“辛亥秋保路死事纪念碑”下，菊花盛放。这座成都标志性的纪念碑见证过这座城市的百年沧桑：推翻清朝统治的那场革命从这里开始点燃，川军将士曾在这里誓师出川抗战，成都城市解放的庆祝大会也曾在这里召开。公园南门川军抗日阵亡将士纪念碑下，菊花同样开得正艳。赏菊是成都人的一种追思和缅怀，这座城从来不只有着花前月下的浪漫，更有数十万四川袍泽慷慨赴死、爱国保家的血性和情怀。

# 黄金菊





深秋时节，从科华北路的过街天桥向下望去，你会发现整条大街都闪着金光。上万株正在盛放的黄金菊把这条贯通城市南北的主干道装扮成了一条“金光大道”。

黄金菊有着如蕨类植物般深深羽状分裂的叶，油绿色的叶和金黄色的花形成了强烈的反差。黄金菊原产非洲，不远万里来到这座城市后，它们很快就适应了成都湿润的气候，它们金黄色的花朵成为这个城市的植物调色板上的重要色彩。黄金菊拥有极为旺盛的生命力，从春到夏、由秋入冬，这种菊科植物总是花开不断。特别是成都的深秋，它们会爆发出惊人的力量，在大街小巷开出一片黄金灿烂。

望江楼锦江河畔有一地叫石牛堰，得名于古时锦江围堰边的镇水石牛。不知从什么时候起，镇水石牛不见了踪影。直到1997年，在锦江望江楼河段修建生态河堤时，从这里挖掘出了两座红砂石雕刻的巨大

石牛。这两头石牛的出世，一时之间轰动蓉城。街头巷尾议论纷纷，无数老成都人联想起了数百年来一直流传于成都市井间的那个传言。传说，1646年，在成都建立大西国政权的张献忠打了败仗，从成都匆忙逃离，将抢来的无数金银珠宝沉入了锦江，并以石牛和石鼓作为埋藏财宝的记号。于是后来，民间就有一首歌谣在一代代间传唱开来：

石牛对石鼓，金银万万五。
谁人识得破，买尽成都府。

这一对石牛出土后，此后数十年便一直留在了望江楼旁的锦江岸边。传说中张献忠沉于江中的财宝，已在锦江下游的四川彭山江口镇岷江之中重见天日。随着江口沉银大白于天下，人们对石牛的兴趣逐渐消散。曾经因藏宝传说大红大紫的这一对石牛，成为过气的明星，孤零零地卧守锦江之滨，很少有人问津了。

深秋的成都总是阴沉沉雾蒙蒙的天气，秋风瑟瑟，望江公园里游人稀少，江边更是一副消沉阴郁的样子。直到走到石牛边，眼前突然出现了一大片炫目奔放的金黄色，取代了灰蒙蒙的色彩，那便是黄金菊绽放出的灿灿金光。

“石牛对石鼓，金银万万五。”原来锦江边的石牛对着的不是石鼓，而是河滩上大片绚丽开放的黄金菊。深秋时节，黄金菊开满了成都的大街小巷，将成都的秋色渲染得无比耀眼。

黄金菊是一种外来植物，虽然和中国菊花同科，但是它们之间并没有太近的亲缘关系。和菊属的草本菊花不同，黄金菊属于梳黄菊属。这个拥有100多名成员的属，大多产于非洲南部的岩石地带。黄金菊作为一种生长旺盛的多年生常绿灌木，经过人类的杂交选育培养后，成为一种风行世界的园林植物。

自从黄金菊成为成都秋天的主要色彩后，过去这个时候，曾经到处可见的传统观赏菊花反倒越发少见。唐末黄巢那首“冲天香阵透长安，满城尽带黄金甲”的诗句，用于形容黄金菊似乎更加合适。

# 粉黛乱子草

成都城南桂溪生态公园是一块大型公共绿地，园内有河渠水系湿地连接着锦城湖公园湖区与锦江。公园的两头是成都环球中心和成都新会展中心两处城南繁华之地，园区周边也多有高层办公楼宇商厦。园外的四周街道上，是行色匆匆的上下班人流。无论外面如何繁忙喧闹，这处新建不久占地巨大的公园总是极为宁静。有一种近年来红透大江南北的网红植物，就悄悄地躲藏在这儿安家落户。

九月，粉黛乱子草开始盛放，粉紫色花穗从植株的基部长出。初生的花序形成了一片片粉红色的云霞，云蒸雾绕，如梦如幻。透过这片红云，可以看见不远处成都环球中心体量巨大的建筑。很少有女孩子能抵挡住一大片粉黛乱子草的紫红云团出现在面前时的那种惊喜，当她们在湿地水边的粉黛乱子草的魅惑下，走入这片红云，那一刻可谓是“回眸一笑百媚生，六宫粉黛无颜色”。

粉黛乱子草来自北美，是禾本科乱子草属的草本植物，每年秋季开花，花期一直持续到十月下旬。它的身姿曼妙妖娆，四季色彩各有不同，拥有极为良好的环境适应能力。近年来作为一种极为成功的园林绿化观赏草本，粉黛乱子草进入中国，一时之间，圈粉无数。

今天，成都环城生态圈的众多绿地公园中的观赏植物，许多都是如粉黛乱子草一样的外来绿化物种。它们以强大的环境适应能力和易于管理的优点，很快在我们的城市中拥有了一席之地。

近年来，许多外来物种因为异域色彩而成为城市绿化植物中的网红，从而引得各地都在复制这种单一植物大面积种植的模式。比如粉黛乱子草、向日葵、柳叶马鞭草、剑叶金鸡菊等动辄上百亩的花海，看上去极为壮观。当我们在大江南北各地城市走上一圈后，会发现很多人工打造的生态湿地和公园总是栽植着千篇一律的植物，从而产生一种“复制+粘贴”的审美疲劳。一些外来物种一旦占据了本土物种的地盘，就不会因为人们的好恶而离开。

生物入侵是一个全球性的问题，受到广泛的关注。从传入到发展为入侵物种要经过一个相当长的滞后期，然后种群呈指数式增长，迅速占据适宜生长区并危害本土植物。马缨丹又叫五色梅，有着非常美丽的花朵。花期时，五颜六色的花开在一株植物上，非常美丽妖艳。这种适应力很强的植物，在成都市区各处绿地中极为常见。

马缨丹耐贫瘠，具有极强的捕获光能的能力，能很快形成厚密的植被层而减少下层植被光照，阻止覆盖层下其他植物的生长，这也是马缨丹下层寸草不生的原因之一。马缨丹植株之间可以传递化学信息，而这种信息物质会让本地土著植物难以适应，成为排挤和绞杀其他物种的有力武器。加之它全年都可开花授粉，花期长，结果多，种子萌芽率高，一株马缨丹一年所产的种子有上万颗。借助鸟类的取食和排泄，这些种子可以顺利地迁移到几公里外，占据新环境。由于其强大的适应能力，在我国华南等地，它已迅速摆脱了人们的控制，成为逸生植物，开始在野外泛滥成灾，挤占了许多本土物种的生存空间。

南宋高翥《下塘》诗曰：“水乡占得秋多少，岸岸红云是蓼花。”历史上，成都一直是一座水城。成都平原阡陌之间水流纵横，秋色中水边如红云一般开着的，不是粉黛乱子草，而是成都乡土的蓼花。遥望西边的群山，那里更是绝无仅有的生物多样性的中心。我们曾为城市中出现的众多外来明星植物欢呼与赞美，但终有一天，我们会怀念那些乡土物种。正因为有这些乡土物种的存在，成都才会成为一座无与伦比的锦绣城市。

# 蒲苇





秋高气爽的季节，很适合外出徒步。如今成都环城一圈，分布着众多的绿地、公园、河流湿地和湖泊。无论东西南北，随便走入一个湿地公园，人们都能发现高大挺拔的蒲苇风姿绰约地挺立于成都各个湿地公园的秋色中，显得既朴实无华又甚有野趣。因此在这个季节里，蒲苇很容易吸引众多的目光，成为湿地公园的"主角"。

无论是否真的认识，很多人都听说过蒲苇的名字。一提到蒲苇，我们的脑海中总会出现那首脍炙人口的汉乐府诗《孔雀东南飞》中的诗句：

君当作磐石，妾当作蒲苇。
蒲苇韧如丝，磐石无转移。

有人说，蒲苇就是蒲草。它从《诗经》中走来，带着"蒹葭苍苍，白露为霜"的秋韵。《诗经·王风·扬之水》曰："扬之水，不流束蒲。"看着成捆的蒲草在波光中浮沉，在这种寂寥的心境下，思乡的戍边人发出了一声沉重叹息："怀哉怀哉，曷月予还归哉？"这大概是诗文中最早出现的蒲苇。在另一首悲壮的汉乐府民歌《战城南》里也出现过蒲苇："水深激激，蒲苇冥冥。枭骑战斗死，驽马徘徊鸣。"一场惨烈的战争后，在茫茫的蒲草与芦苇间，只有几匹幸存的驽马在悲鸣。蒲苇真是一个充满诗意的植物名。

每当在成都的敛滟秋光中见到一丛丛蒲苇巨大的圆锥花序在风中摇曳的时候，有人会升腾起一种“长风万里送秋雁”的壮阔，也有人会有一种“自古逢秋悲寂寥”的落寞，陆游就曾写下“沙晚水痕碧，萧萧蒲苇秋”的诗句。当我们见到它高大的身影、听到它的名字时，总会觉得，蒲苇这种诗意的植物一直生活在我们的城市。只是，无论是《诗经》还是汉乐府，无论是杜甫还是陆游，古人眼中的蒲苇和今天我们见到的禾本科植物蒲苇并不是同一种植物。或者说，古人从未见过今天的蒲苇。

出现在成都湿地公园、在秋风中摇曳的蒲苇，它还有另一个别名，叫潘帕斯草（pampas grass）。在植物学上，这种植物分布于美洲，是原产于南美的禾本科植物，模式标本采自乌拉圭。潘帕斯草是一种极高大的多年生草本植物，植株可达3米。这种草的叶长而细，极有韧性，正应了“蒲苇韧如丝”的特点。于是，这种大型的园林观赏草本进入中国后，很快便有了蒲苇这样一个中文植物名称。

那么，古人见到的蒲苇是什么植物？从古至今，有很多人曾经认真地考证过。在古代，“蒲”与“苇”并不是一种植物，而是分开指向几种植物。蒲是香蒲（有时亦可指菖蒲），苇指芦苇。还有人说，蒲其实是蒲柳。于是，考证这蒲苇，便有了“白马入芦花，银碗里盛雪”的意味。

总之，对于古人诗词中蒲苇的考证，都有一个共同特点，那就是它们全都是中国的原生植物，都生长在湿地之中。

《汉书·路温舒传》记载了路温舒蒲草编书的励志故事。“使温舒牧羊，温舒取泽中蒲，截以为牒，编用写书。”路温舒小时候家里很穷，在池塘边放羊，看见池塘里长着一丛丛蒲草，于是就把蒲草切得整整齐齐，然后用线绳穿在一起。他向别人借来几本书，抄写在他自制的蒲草书上，放羊时就可以随身带着阅读。

这里的蒲草，有人说是菖蒲，也有人说是香蒲。两者都有柔韧的茎叶纤维，都广泛分布于湿地。只不过菖蒲叶有中肋，总还是不如香蒲叶方便。甚至有人解释说，路温舒把自家苇席拆了来做书简。这读书还要拆自家席子，真就是书白读了。

路温舒的故事再怎么励志，用的都不可能是来自南美的蒲苇。当然，大多数人不必如此纠结。今天，随着城市生态绿地的建设，还有许多如蒲苇一样的外来观赏植物，越来越多地出现在了我们的视线中。虽然蒲苇的名字很古老，而外来植物出现在成都的时间很短，但一点儿都不影响颇具文艺情怀的人们借用古人关于蒲苇的诗词和故事，来赞美高大招摇的潘帕斯草。

# 水杉





## 街边的“活化石”

青羊正街是成都的一条古老街道，紧临南河，附近有青羊宫。这是成都最古老的道观，唐末时僖宗为避黄巢起义，逃难入蜀来到成都，以成都为南京。相传，他以青羊宫的道观作为行宫，后来回到长安后，下诏赐名“青羊宫”。最早，此地因青羊宫得名，称青羊肆。因其地处成都西郊，近临浣花溪，每年都会在这一带举行大小游江盛会。此地广栽树木，自古便林木森森，古树名木众多，是古时成都著名的游乐名胜之地。

今天的青羊正街是成都南河边一条再平凡不过的道路。曾经的古木森森早就被无数现代化的楼宇所替代，它们包围着青羊宫这座极具历史年代感的古老道观。深秋季节，锦江河边是一排排高大挺立的水杉树。线形对生的叶扁平而又柔软，在小枝上呈羽状排列。深秋，水杉的淡绿色的树叶已开始渐渐变黄。

很少有人知道，水杉这个在我们城市街头随时随处可见的高大落叶树木，曾经是在地球上几近绝迹的“活化石”。它重新回到世人的眼前，并出现在我们的街头，成为常见的行道树种，还不到百年的时间。水杉的发现是中国近代植物学界最值得自豪的一件大事，为中国植物学走向世界开辟了道路，被公认为我国乃至世界20世纪植物界的重大发现。

## 磨刀溪

1943年7月，经过长途跋涉，一位年轻的植物工作者风尘仆仆来到了抗战大后方的四川万县南面一个群山环绕的古镇，这个地方叫磨刀溪。这个地名得名于长江流域无数条支流中的一条名不见经传的小河。据镇中老人讲述，三国时五虎上将关羽途经此地，曾在小溪边磨刀。传说关羽磨刀的那块石头，每逢要下雨，石头上就泛起像磨刀时出现的石浆一样的东西。磨刀溪人遵奉关羽，认为是关羽显圣，此后便在溪边建了关庙，纪念这位武圣。

如同当时大多数隐于深山的古老村落一样，磨刀溪一直是一个默默无闻的小地方。即便在这个内忧外患、兵荒马乱的艰难岁月，磨刀溪的生活却波澜不惊。在通往集镇的磨刀溪古老的驿道边，有一棵高大挺拔、气势雄浑的古树。古树下建有一座很小的庙，横匾上写着“水杪庙”。“水杪”是磨刀溪人对这棵古树的称呼。这一天，这个叫王战的年轻人就站在了这棵古老的“水杪”树下。这棵树高达30余米，胸围达7米，王战认真地观察记录。在采集了较完整的植物标本后，带着一些疑惑，王战在记录上写下了“水松”，接着便踏上了他的行程。

其实，王战并不是第一个拜访这棵古树的植物学者。早在一年多以前，在1941年10月的一

天，中央大学森林系植物学教授干铎就已经来到这里，仔细地观察了这棵古树。不过此时正值冬日，“水桫”树的叶已落尽，枝梢还是光秃秃的。满心遗憾的他只好委托万县高级农业职业学校杨龙兴代为采集标本。时隔一年，干铎收到了“水桫”树的树叶标本。但在战争年代，这份珍贵的标本在请人鉴定的过程中几经辗转，最终下落不明。

王战本来的目的地也并非磨刀溪，当时身负植物考察任务的他正前往鄂西神农架。只是途经万县时，听杨龙兴说起磨刀溪有一棵很奇特的大树，于是他决定绕道来一探究竟。当时他并不知道，他的这个决定使“水桫”树和磨刀溪从此在世界植物史上都留下了浓墨重彩的一笔。





## 孑遗植物

晚第三纪，地球进入了新生代，喜马拉雅造山运动发生了。到晚第三纪后期，逐渐加速隆升的喜马拉雅山最终形成了今日的世界屋脊。到了第四纪时，气候骤然变冷，冰川发生。第四纪冰川是地球史上最近一次大冰川期。曾经占有广大地域的大多数植物物种，都无法逃过灭绝的命运。只有极少数受到特殊地形保护未被冰川波及的物种，侥幸躲过了这场浩劫。不过它们的亲属大多都已经灭绝，人类只能从化石中寻觅到它们的身影。因此，在第四纪冰川期存活下来的物种被人们称为“孑遗植物”，也被称为“活化石”。

受晚第三纪造山运动的恩庇，中国长江以南部分地区群山连绵、丘陵纵横，连大冰川也难以全面覆盖，成为冰川期动植物最后的“伊甸园”。尽管个体数量稀少，孑遗植物们还是顽强地存活下来，终于迎来了冰川时代的结束。王战亲手采集标本的那棵磨刀溪畔的“水桫”树，就是挺过了大冰川时期的“幸运儿”。这种古老的孑遗植物就是水杉。

## “活化石”水杉重现世

王战一直记挂着磨刀溪畔那棵奇特的“水松”，因为自己并不确定，所以后来他将这份标本交给了中国科学社生物研究所的吴中伦。最终这份从磨刀溪畔历经辗转而来的“水松”标本，被送到了著名的植物分类学家郑万钧教授的手中。这份标本注明“王战118号”，这一年是1945年。

郑万钧敏锐地察觉到这份珍贵的标本很有可能不但是一个新物种，而且是一个新属。1946年2月、5月间，郑万钧两次委派研究生薛纪如前往磨刀溪，采到有花、幼果和枝叶的水杉标本（模式标本），对其形态、特征进行进一步了解。1947年8月，郑万钧又派助教华敬灿前往磨刀溪和水杉坝一带采集标本，以便为水杉的研究和正式发表提供依据。

郑万钧对薛纪如和华敬灿采集到的水杉标本，做了细致的研究和全面的描述。由于战时文献资料缺乏，因此早在1946年，郑万钧就已把王战采集的部分标本寄给了当时北平静生生物调查所著名的植物学家胡先骕教授，请他帮助鉴定。胡先骕在植物分类、古生物化石研究等方面有着很高的造诣，也一直保持着同世界各国一流植物学术机构的联系。不久，胡先骕从一本1941年日本出版的植物杂志上找到了一篇文章，这篇文章提到了由日本古植物学家在研究日本化石中发现的一个新属*Metasequoia*。通过反复比较研究，胡先骕认为这棵古树标本就是日本这个化石新属的一种。

1948年5月，胡先骕和郑万钧两人联名发表文章《水杉新科及生存之水杉新种》。此后水杉被公认为是世界上著名的“活化石”。由于水杉与北美的红杉较相似，因此，它的英文名字就是Chinese red wood，意为“中国红木”。一个和恐龙同时代仅存在于化石中，消失了几千万年的物种在地球上又重新出现了，这一发现如一声惊雷轰动了世界。

与水杉一同生存过的恐龙早已灭绝，而被认为早已灭绝了的水杉竟然还在中国南方的莽莽群山中生长，这不能不说是一个植物的传奇。水杉重现世间，为中国植物学赢得了国际声誉。很多年以后，回顾这段历史，胡先骕动情地提笔写下《水杉歌》：

记追白垩年一亿，莽莽坤维风景丽。
特西斯海亘穷荒，赤道暖流布温煦。
陆无山岳但坡陀，沧海横流沮洳多。
密林丰薮蔽天日，冥云玄雾迷羲和。
兽蹄鸟迹尚无朕，恐龙恶蜥横駊娑。
水杉斯时乃特立，凌霄巨木环北极。
虬枝铁干逾十围，肯与群株计寻尺。

水杉被重新发现后，我国各地开始大量繁殖栽培，世界各国也纷纷到中国引种水杉。这种喜光性强的速生树种，对环境条件的适应性很强，耐寒并且生长迅速。很快，这个曾经在地球上几近绝迹的“活化石”就成为重要的园林风景树种。现在，在我们的身边也能很容易发现它挺拔的身影了。

# 法国梧桐

从建设路口至府青路的沙河河边有一条小街叫秀苑路，河边栽植着成排的法国梧桐。这些法国梧桐在这座城市已经有数十年的历史，树枝粗大，树干斑斓。十一月的深秋，法国梧桐的树叶开始变黄。寒露过后，一排排法国梧桐在秋风中摇曳，树叶发出沙沙的声响。随着气温逐渐降低，叶面开始变得金黄。

法国梧桐是悬铃木科悬铃木属的落叶乔木。悬铃木科仅有悬铃木属一个属，过去也称作法国梧桐属。这类落叶乔木树高可达40米。虽然长期以来被误认作梧桐，但悬铃木和梧桐之间并没有亲缘关系，在分类系统上分属两个目。

最早开始在中国规模种植法国梧桐的是法国人，19世纪法国人在上海的法租界霞飞路（今淮海中路）一带开始种植。因为当时中国人没有见过这种外来的树木，又是由法国人引种到上海法租界，且其有着长叶柄的大型掌状单叶和深秋落叶的特征，所以被许多中国人称为“法国梧桐”。

法国梧桐也叫二球悬铃木，是一种杂交物种，亲本是来自西亚、印度和东南欧的三球悬铃木和来自北美的一球悬铃木。最早出现的二球悬铃木可能并非来自园艺人工杂交，而是自然杂交的结果。来自东方的三球悬铃木和来自西方的一球悬铃木的完美结合，产生了一个全新的杂交物种——二球悬铃木，也就是今天我们所说的法国梧桐。法

国梧桐既不来自法国也并非梧桐，在《中国植物志》中，它还有另一个名字“英国梧桐”。当然，这种树木也并非来自英国，而是最早由西班牙人杂交成功。据说，当时西班牙殖民者的园林里种植了从西方北美引种的一球悬铃木和来自东方西亚或东南欧的三球悬铃木。

不过，悬铃木在中国最早的栽种时间却并非在近代。早在魏晋时期，前秦皇帝苻坚在淝水之战前派大将吕光远征西域，降服30多国，不仅扩大了帝国的版图，而且得到了西域龟兹国高僧鸠摩罗什。吕光将鸠摩罗什囚于西凉，淝水之战后苻坚身死，吕光自立。再后来，后秦皇帝姚兴迎请鸠摩罗什自凉州到长安，尊奉为国师。长安西南，户县草堂寺是鸠摩罗什译经时的住所，最后大师亦圆寂于此。据记载，草堂寺有6棵相传是鸠摩罗什自西域携来并亲手栽植的“净土树”，此树被后人称为祛汗树或鸠摩罗什树，树龄达千年。户县草堂寺的鸠

摩罗什树就是三球悬铃木。不知是何原因，三球悬铃木虽然很早就在中国栽植，却没有被广泛地传播。

20世纪20年代末，法国梧桐开始在南京城中被大规模栽种。至1949年前，全城法国梧桐已有20多万棵。在南京，遮天蔽日的法国梧桐树一度绵延十多公里，形成了极为壮观的林荫大道。因为生长迅速、繁殖容易、叶大荫浓、树姿优美等优点，这种外来的树种在中国各大城市开始大行其道，大有成为“行道树之王”的趋势。20世纪50年代，成都也开始大量栽种法国梧桐。

法国梧桐悬挂在枝头上的果球，是由许许多多狭长倒锥形的小坚果组成。小坚果长着长长的毛，每个坚果中有一个线形种子。悬铃木的每一个果球都是由600～1400个小坚果共同组成，每个小坚果上都有数千根果毛，所以每个球果差不多就有数百万根果毛。悬铃木果球带有大量果毛的这个特点，让许多人对它既爱又恨。每年四五月，悬铃木进入繁殖季节。此时果球开裂，大量带着果毛的种子随风散落，极易污染环境，危害人体健康。如今，法国梧桐逐渐退出了城市行道树的主力行列。

法国梧桐曾经是成都最重要的行道树木，以至于成都人一提起梧桐，首先想到的并不是中国的本土植物梧桐树，而是法国梧桐。城东沙河那一排排高大的法国梧桐已有数十年的树龄，它们不仅承载了一代人的记忆，更是这座城市不可磨灭的风景。十一月的成都金秋，在沙河河边法国梧桐斑驳的光影下，注视着它们沧桑而又层层剥落的树皮，我们似乎更能够感受到这座城市的古老和厚重。

# 冬日芳华

在这个金黄的银杏叶飘落的浪漫季节，美人树在双林路新华公园安静地展现着它最美的姿态，一树繁花，姹紫嫣红。在初冬暖阳的映照下，锦江边一排排高大挺立的水杉树上，羽状排列、线形对生的深红叶片反射着最为迷人的光晕。在夜晚清冷的冬雾中，灯火阑珊处，一丛丛四季报春正在高攀路的路边盛放。冬季，成都的街道向每一个人展现着自己多彩的物候芳华。

银杏
导赏图
一环路
二环路
① 银杏路
② 成都画院
③ 人民公园
④ 百花潭
⑤ 锦里西路
⑥ 锦绣街与锦绣巷
⑦ 四川大学
⑧ 电子科大沙河校区
⑨ 文殊院
⑩ 天府广场
⑪ 大慈寺
⑫ 青羊宫
青羊宫
人民公园
百花潭
N

人民北路
一环路
二环路
蜀都大道
电子科大
⑧
文殊院
⑨
⑪
大慈寺
339电视塔
合江亭
望江楼
四川大学
⑥
⑦
路

# 美丽异木棉





新华公园在成都城东，位于双林路与双林北支路之间。成都东面曾经厂房林立，这里见证过成都市工业文明时代的开启和辉煌。双林路社区是成都最早的社区之一，街道两侧是成都东郊多家军工企业和大型国企职工的生活住宅区。在成都东郊工业区最为辉煌的时期，双林路代表着成都人最羡慕的生活。晨光中，双林路上，伴随着骄傲的自行车铃声，骑着自行车上班的人群汇入浩浩荡荡的车流，向着朝阳升起的地方骑去。

只是如今，东郊企业大多已经迁离，双林北支路清晨的街道上再也没有了蜂拥而出的上班人群。一排排兴建于20世纪七八十年代的老旧住宅社区，在参天大树的掩映下，越发显得安静。

冬日的成都，难得透了点光。阳光下，一棵开花的树就悄悄躲藏在新华公园的围墙里。那是美丽异木棉。美丽异木棉也叫美人树，原产于南美阿根廷，是木棉科吉贝属热带落叶乔木，不知何时已悄然隐于成都。在新华公园里，它安静地展现着最美的姿态，一树繁花，姹紫嫣红。

美丽异木棉的自然栖息地是南美洲干旱少雨的稀树草原，成都冬季阴湿的气候并不是它们最适宜的生活环境。在中国华南的一些城市中，美丽异木棉已逐渐成为常见的城市行道树，因为它们更能适应华南炎热的气候。但在成都，这种异域树种的栽培数量并不多。从十月到十二月，人们偶尔能发现这种美丽的树木一树花开的身影。

美丽异木棉的躯干看起来像有个酒瓶肚一样。树龄较低的美丽异木棉，茎干里还含有叶绿素，所以树干会呈现出绿色，这能使它们在叶子缺失的落叶期，利用茎干进行光合作用。随着年龄的增长，树干渐渐变成灰色。树干上还有粗厚的尖利皮刺，据说，这种刺可以用来阻止前来攀爬觅食的野生动物。美丽异木棉的花先于叶开放，在南美它们的盛花期在二月到五月。离开原生地后，它们也能在不同的季节里开花，花期后才会长出一丛丛有着5～9枚小叶片的掌状复叶。无论如何，能在成都这个和它们自然栖息地完全不同的环境中扎下根来，开出一树繁花，可见被赞为美人树的美丽异木棉的确是一种适应性很强的树种。

树木浓荫遮蔽下的双林路，不再有繁华闹市的喧嚣，给人以静谧中带着几许慵懒的感觉，仿佛回到了草木时光中的老成都慢生活。在成都冬日双林路的街头，在这棵美丽异木棉最美的时候和它相逢，这是一种幸运和幸福。

# 银杏





十一月，成都进入初冬季节。立冬以后，这座城市最华丽的色彩毫无疑问是银杏的金黄。每年的这个时候，成都人总会看着身边日渐金黄的银杏叶，心中祈盼着在它们最为美丽的时候，能够恰逢蓝色天空下的冬日暖阳。

锦绣街与锦绣巷比邻，位于成都南门的领事馆路附近。两条长不过500米的社区小街上，栽种了数百株的银杏树。这一天，久违了的温暖阳光照射到这两条平日里十分僻静和低调的小街上。猛然间，它们吸引了无数成都人的关注，成为这个时候成都最美丽的街道。

银杏金黄的季节，锦绣街与锦绣巷向每一个成都人展现出绝色美景。透过银杏树冠茂密的枝叶，初冬的阳光折射出美丽的斑驳光影。金色的扇形叶片在风中旋转飘零，使得街道路面一地金黄。街边林下的行人、街头玩耍的孩子、合影留念的游客，构成一幅油墨重彩的城市画卷。这时，行走在铺满金色叶片的小街上，满目是金黄的银杏叶。于是人们趁着被锦绣街与锦绣巷的金黄点燃的激情，趁着最为宝贵的冬日暖阳，怀着欣喜和期盼，前往各处观赏银杏的胜地，赶赴这场华丽的金色盛宴。

银杏是成都主要的行道树种之一，也是成都人最喜爱的树种之一。成都有众多的街道栽种银杏，作为行道树。四川大学、电子科技大学、银杏路、武侯祠、青羊宫、人民公园，都是市区内观赏银杏的

绝佳地点。于是每年的深秋至初冬，成都银杏金黄的季节，在城中四处观赏银杏，就像是赴一场让成都人心动了一年的约会。

银杏是植物界中的“活化石”，是银杏纲植物现存的唯一种。两亿年前，这种古老而珍稀的裸子植物也曾经广泛地分布于地球。第四纪冰川运动后，冰川破坏了银杏属的主要生境。曾经在北温带森林中均有分布的银杏属植物走上了灭绝之路。唯有在今天中国境内一些未被冰川影响到的偏远地区，少量银杏逃过一劫存活下来，成为现存种子植物中最古老的孑遗植物。

作为一种多年生的高大乔木，银杏有着巨大的植株和极漫长的生命。成都境内，有许多树龄极长的银杏古树。今天百花潭公园内，有一棵树龄千年的唐代银杏，雅号“白果大仙”。此树原被栽植于灌县（今都江堰）西边的汶川漩口镇一古刹之中，后来寺院几经毁损重建，终于荒芜废弃。据传这个“白果大仙”在明末曾遭过火焚，清代又被雷击，真是历尽劫难、命运多舛。20世纪80年代初，“白果大仙”桩头残躯被迁移落户于百花潭公园。幸运的是，这株唐代银杏从此得到了很好的保护和照顾，直到今天依然枝繁叶茂。

成都都江堰离堆公园中，还有一株汉末的“张松银杏”。它原植于崇宁县三圣寺，民间传说为蜀汉时辩士张松的故里。1957年移植到都江堰景区离堆公园，据传树龄1700余年，号称树神。最为神奇的是这棵古树树枝干上长了许多笋状的突起，被称为白果笋，极为罕见。而在青城山天师洞的一棵银杏更为古老，据称树龄已有1800年以上，主干上也有许多瘤状突起。传说中，此树是张天师传道时亲手种下，于是这棵天师洞古银杏身上附会了许多传奇。“天师洞前有银杏，罗列青城百八景。玲珑高出白云溪，苍翠横铺孤鹤顶……”清末，曾为青城山写下394字长联的四川才子李善济作《银杏歌》，颂扬了这棵享寿千年的古树。当年在成都市古树名木普查时，这棵天师洞的银杏古木毫无争议地被评为成都古树名木之首，成为当之无愧的成都树王。

芙蓉花是成都的市花，银杏树是成都的市树，芙蓉和银杏为这座城市注入了生命和活力。而这座城市又赋予了它们灵气和灵性，它们守望着成都，成都人对它们更是寄托了发自内心的情感。这种感情已深深地烙印在了每一个成都人的灵魂中，就算远在天边，也不会因为时间和距离而改变，只会历久弥香更加真挚醇厚。爱上它们，便爱上了这座城。

# 铁冬青与枸骨





十二月底，圣诞节的成都街头，多了热闹的节日气息。虽说绝大多数的成都人对这个最早源于西方北欧黑暗森林的洋节日不明所以，但商家们大都利用这个时机齐心制造一场购物的欢乐气氛。这个时候，街头到处都是一棵棵圣诞树，橱窗和商店里点缀着圣诞花环。这一天，成都城南天久北街的街头，一棵铁冬青结满了鲜红的冬青果实。路过的人们无不好奇地驻足围观，在成都最寒冷的冬季，这一树鲜红的冬青果仿佛点燃了路人们的热情。

铁冬青是极为高大的常绿乔木，树高可达20多米。除了观赏，它们还被用来制作苦丁茶。苦丁茶已有2000多年的饮用历史，古书多称苦丁茶为“皋卢茶”，南方人将之奉为药饮兼用的佳品。虽然都被称为茶，但苦丁茶和茶是不同的两类植物。有多种冬青属植物都能制作“苦丁茶”，除了铁冬青，由大叶冬青的新鲜嫩叶制成的苦丁茶也较为常见。

冬青是冬青科冬青属的植物，种类众多，广泛地分布于全球。在中国，冬青属植物就有200多种，多分布于南方，以西南和华南最多。冬青也称冻青，取凌冬青翠之意。过去，冬青在成都城中多有栽种。成都有一街名为冻青树街，曾为清代乾隆年间四川提督岳钟琪住所，因其府内有一株合抱的冬青树而得名。

冬青属植物的果实大多在冬天时成熟，它们中的许多种类的果实

成熟时都是红色。亮红色的果实和绿色光滑的树叶相搭配，为落寞寂寥的冬天带来了视觉上强烈的色彩对比，这也是中国人把这一类植物叫作“冬青”的原因。冬青一直是文人骚客喜爱的对象，唐代李商隐《过隐者不遇成二绝·其一》写道：“秋水悠悠浸墅扉，梦中来数觉来稀。玄蝉去尽叶黄落，一树冬青人未归。”南宋陆游《山行》写道：“黄杨与冬青，郁郁自成列。其根贯石罅，横逸相纠结。”

元末明初徐贲《题冬青十二红图》诗曰：“秋风吹老万年枝，山鸟飞来啄子时。”冬青红红的果实总会是一些啮齿类动物和鸟类的美味。不过，这些动物的美食却不适合我们人类。看上去红艳艳的冬青果实包含多种生物碱，既不可口，对人类而言也是有毒的。

在圣诞节时冬青和常春藤象征着祝福，这里的常春藤并非五加科常春藤属植物，而是槲寄生科槲寄生属植物。在欧洲古老的传说中，冬青树能够驱除邪恶。冬青树的英文“holly”便源自于“holy”（圣洁）。在哈利·波特的故事里，主人公哈利·波特使用的魔杖就是由冬青木制成。它有11英寸长，材质柔韧，含有一根凤凰的尾羽。最终，哈利·波特正是使用冬青魔杖打败了伏地魔的接骨木魔杖。冬青属植物有些是灌木，有些是乔木。冬青属大多数的物种木材坚韧细致，可以用来制作家具、雕刻工艺品。打败伏地魔的冬青魔杖是哪种冬青木制成的，是灌木还是乔木，书中并没有提及。不过在欧洲的森林，的确分布着一种叫欧洲冬青的冬青属植物。

欧洲冬青是一种身材不高的小乔木，也被称为圣诞冬青（Christmas holly）。它们的果实在十一月左右开始逐渐成熟，在圣诞节时呈现出明亮的红色。欧洲冬青、槲寄生的果实与亮绿的枝叶搭配而成的花环，是传统的圣诞节装饰物。

革质光滑和四季常绿的树叶、可爱的红果、强大的适应能力，使欧洲冬青受到了园艺家的喜爱，被开发出了许多的园林品种，在世界各地园林中开枝散叶。欧洲冬青的树叶每一边各有3～5个尖刺，指向交替向上和向下。它还有一个中文名叫枸骨叶冬青，从植物的外观形态上，人们很容易将它和来自中国的冬青属植物枸骨联系起来。

十二月底，枸骨明亮鲜红的果实也会在成都城市公园和校园绿地中出现。枸骨和欧洲冬青在外形上极为相似，也有很近的亲缘关系。它们的植株都不高，叶片都是四季常青，红红的果实在冬日苍翠的枝叶之间极为优美。枸骨的叶片是四角状长圆形，叶片的每一侧会有1～2个刺齿。这种茂密常青又多刺的叶片，使枸骨有了“鸟不宿”的别名。

“道傍冬青树，人好树亦好。岂不缠风雷，青青自持保。”无论是高大的铁冬青还是低矮的枸骨，来自中国本土的冬青属植物完全可以和欧洲冬青媲美。在最寒冷的冬季，它们用一串串如珊瑚珠玉般的鲜红果实，成为成都街巷庭院间最为优美的植物。

# 四季报春与藏报春





一月的成都，天气阴冷潮湿，天总是黑得很早，随着夜色涌上的还有湿沉沉的雾霭。华灯初上的城市，喧嚣如潮水一般退去，路人行色匆匆，奔向温暖的家。

此时，城市中心的春熙路却更加璀璨迷离。春熙路得名于老子《道德经》“众人熙熙，如享太牢，如登春台”之句。灯火阑珊处，熙熙攘攘的春熙路中央，一丛丛四季报春在花坛中盛放。这是一种成都

人十分熟悉的草本花卉，它们一年四季都在热热闹闹地开放着。越是在最寒冷的冬季，它们越是花团锦簇。街市如昼流光溢彩，四季常开不败的报春花衬托着春熙路百年不衰的繁华。

在成都恼人的阴冷冬日，于闹市繁华夜色中见到这盛放的四季报春花，人们心中难免有些躁动，报春花开了，春天还会远吗？站在城市冰冷迷离的光影下，人们越发期盼成都的春光。

盛开在成都冬日街头的四季报春，也开遍了全世界。四季报春最早是由中国特有的鄂报春开发培育的园艺品种，这种报春花因标本采自湖北宜昌，故以“鄂”命名，在中国西南分布很广。在成都西面的青城山林下幽暗的三月春光中，偶尔能发现它们鲜红色的花冠悄然绽放于林地石壁处。

1850年，鄂报春第一次走出国门来到英国。此后，这种从湖北宜昌来到欧洲的报春花迅速成为世界范围内极受欢迎的报春花属的观赏植物。园艺家们通过杂交育种，成功地开发出了鄂报春的园艺品种——四季报春。四季报春不仅花期更长，而且更加华丽壮观，因此在全世界被广泛栽培，成为最为常见的盆栽花卉。

鄂报春

在成都最寒冷的日子

里，四季报春于春熙路上盛放。这时在离此不到100公里外的成都西面寂静山野的石灰岩壁缝隙间，一种中国特有的野生报春花于风雪之中悄然盛开。藏报春有着强壮的根状茎，可以在湿润的石灰岩缝中牢牢固定，同时吸取营养。也正是因为强壮的根状茎，使得驯化藏报春相对容易。藏报春得以漂洋过海，成为著名的园林和温室花卉。

在中国数百种报春花中，最早走进西方园林的报春花并不是鄂报春，而是藏报春。虽说藏报春的名字中有“藏”字，但这种报春花的分布却不在藏区，而是陕西、湖北、四川、贵州等地。清代吴其濬在《植物名实图考》里说：“凡花以藏名者，异之也。”它们生活在阴凉湿润的石灰岩缝之间，在我国有悠久的栽培历史。

1821年的一天，广州东南郊园林盆景花卉交易之地花埭（或称花地），迎来了两名来自英国的传教士。这里是西方商船主购置我国花卉的重要场所，英国传教士雷维斯和鲍兹在此地第一次见到了藏报春。这种报春花整个植株都包被着细软的柔毛，长长的肥厚叶柄带有浅浅的紫色，使整棵植株显得十分强壮。它们的花葶也十分粗壮，并带有紫色。每朵花的花萼基部会膨大，形成一个个半球形。等到结果时，这个半球还会变得更大。

见到这种来自中国园圃之中的奇花后，两位传教士当即重金购入，并把藏报春带到了英国。于是，藏报春成为最早走出国门的中国报春花属植物。藏报春的拉丁文学名种加词是*sinensis*，意为“中国的”，这个学名为它打上了原产地的烙印。在引入英国后，第二年藏报春就开出了夺人眼球的艳丽花朵，一时间轰动了整个欧洲。

从英国传教士带走藏报春开始，此后的100多年中，欧洲各国的“植物猎人”纷至沓来。他们在我国的“西部花园”中寻找各种美丽的报春花，用来装点他们自己的花园。仅仅在英国，由我国西南引入的报春花属植物就多达100余种，通过杂交培育出来的园艺品种更是

藏报春

不计其数。

很少有成都人知道，成都西部的山野是世界报春花属植物的最为重要的分布中心，也是野生报春花和众多中国特有植物最后的乐园。今天，因为人类对环境的过度开发，报春花属的许多物种已变得十分稀有，有些中国特有的报春花物种甚至在原产地濒临灭绝。

夜色中，站在冬日寒风中的城市街头，看着四季报春在春熙路灿烂绽放，脑海中是成都西面莽莽群山间的春色花影。自藏报春迎着风雪绽放后，在这个“中国的西部花园”，各类色彩缤纷、高低错落的报春花在不同海拔高度，由春入夏伴随着山野春光，似锦如霞般盛开在山野中。“众人熙熙，如登春台”，你会发现，这个城市因为拥有它们，春光会变得很漫长。

# 后记

这本书中所描绘的皆是这座城市最为寻常可见的草木，讲述着最为熟悉的街头巷尾间那些草木的故事。它们有的是一直伴随着成都这座古老城市的乡土植物，有的是近年来从外部引入我们城市的植物。它们就生活在我们身边，生长于成都的街巷、小区、学校、公园绿地中。如果有心，随时可以见到它们。

总有一些不一样的人，他们有一双善于观察的眼睛和一颗平静的心灵，他们会去观察自己所熟悉的城市街边那些草木的四季轮回，会透过城市的水泥森林寻找自然的美。他们希望了解城市草木的故事，听懂草木的语言，发现那些隐藏在钢筋水泥的城市街头有关大自然的小秘密。

这本与草木对话的书，无法代替大自然的语言，更非一本严谨的植物学著作。但我希望通过这样一本小书，为读者打开一扇窗，从中窥见成都这座美丽城市的魅力，以博物之精神，体悟自然一草一木，以发现之眼光，感受万物有灵且美。我始终觉得，回归自然，认识自然，观察自然，完全可以随时从身边开始。

放眼全国，很少有哪个城市能有成都这样的绝色之美。西南山地将亚热带与冰雪带的景观完美融合，只需不到三小时车程，就能从热闹的都市，来到莽莽苍苍的山野林间。而当我们在成都遥望雪山之时，或许雪豹正在雪山岩石间跳跃，绿绒蒿正在草甸流石滩盛放。

我生活的城市给了我许许多多的灵感，在时间和季节的轮回中，在城市光阴的变幻里，讲述着这座城市的一草一木。我希望能和读者分享关于这座城市草木四季的快乐，或欢乐或抒情，或引经据典或平铺直叙。这是草木光阴里的成都，一座如霞似锦的绝色城市，从古老城市的大街小巷流淌出的那种亲和力，透过街头浓荫遮蔽的绿意，抵达你的心底，让你悠然一窥自然之乐，乘物以游心者是也。

感谢我妻，她是这些文字最早的读者，感谢她为我所做的默默付出。这本书能够通过商务印书馆顺利出版，离不开她的不断鼓励。

孙海

2019年4月

**图书在版编目(CIP)数据**

街巷里的四季:成都草木寻踪/孙海著.—北京:商务印书馆,2020
(自然感悟丛书)
ISBN 978-7-100-18170-9

Ⅰ.①街… Ⅱ.①孙… Ⅲ.①植物—成都—图集 Ⅳ.①Q948.527.11-64

中国版本图书馆CIP数据核字(2020)第039427号



**街巷里的四季:成都草木寻踪**
孙海 著

商 务 印 书 馆 出 版
(北京王府井大街36号 邮政编码100710)
商 务 印 书 馆 发 行
北京雅昌艺术印刷有限公司印刷
ISBN 978-7-100-18170-9

2020年4月第1版　　开本880×1230 1/32
2020年4月北京第1次印刷　　印张8
定价:50.00元